百萬電商
一指搞定

一指創業編輯部 ＿＿ 著

營造採購氛圍
幫助使用者看到購買需求

Dcard 好物研究室　負責人　陳宇璿

　　Dcard 是台灣最大的年輕人網路社群平台,每月不重複的訪客數達1千6百萬,如此的流量促成我們開始發展電商「好物研究室」:社群出發,走入電商。廠商透過 Dcard 接觸到我們的使用者,增加商品及品牌能見度。進而創造多項爆款熱賣商品,其中大部分是女性周邊小物,如美妝和居家用品。

　　例如一款適合年輕人外宿使用的快煮鍋,在綜合大型電商平台上架,容易成為眾多商品之一,比較缺少曝光度。買家可能主動想到要買,才上網搜尋。但在 Dcard,我們是站在使用者的角度思考,去想在什麼情境下,使用者會需要這件商品,並且透過動人、趣味的文案撰寫,精準描繪出使用情境:「外宿者必須要有快煮鍋」,短短數天內,在好物研究室創造了千台的銷售佳績,如今還供不應求,詢問度高。

　　Dcard 目前與第三方支付業者之中的綠界科技合作,項目有串

接金流、發票與超商取貨付款。因為 Dcard 的使用者大多是學生，較少使用信用卡，大多也是外宿，多數沒有管理員可以幫忙收貨，所以最常利用超商取件，透過綠界串接超商取貨付款為 Dcard 帶來許多訂單。

想要自建官網的電商，理由不外乎：在綜合型的大型電商平台比較缺乏曝光度，而形成庫存壓力，導致營運上的困難。這些電商所需要的是流量，「流量就是王道」，如果沒有流量，商品再好也很難被買家發現；然而，今日的電商環境已經跟過去不同，不只是攤位上的交易、不是等買家想到再去買就能讓電商生存。

做 Content marketing，透過說故事的方式吸引客戶，著重自己商品的特性，找出 TA（目標客戶），不是只想著商品售出；不是先做大量的曝光，並把曝光給錯誤的 TA。例如上面提到的快煮鍋，我們告訴潛在客戶怎麼用，對住宿的人來說有多麼的方便，讓大家了解自己的需求「這個東西我可以買，因為我可以這麼用」。自建官網的第二個主要理由是回購率，先找到流量與 TA，轉化成為訂單，了解用戶喜好，增加客戶的回購率。

透過這本書，大家能避免從零開始摸索，專注於營造採購氛圍、創造買家需求，說出自己的故事。

一本加速創意變現的翻轉密技

QDM 網路開店平台　皇博數位

　　這是一個創建品牌官網的絕佳年代，如今消費者之間已彼此互相連結，你可以更廣泛的透過網路社群行銷引起口碑；可以更即時的打開直播做粉絲互動，或更容易的產生豐富影音內容營銷，吸引關注而觸及更多人來發掘你自家品牌的獨特性。然而，口碑引起迴響之後的行動轉換產生購買行為，往往也是影響賣家獲得大幅交易量成長的關鍵因素之一。對網路零售公司而言，主要的現金流入是商品售出的回款，也就是商品到資金轉化的過程，要確保這個變現過程能有條不紊的運作，滿足消費者體驗，這本書深入淺出的描繪有關電商金流的支付導入，提供清晰且實務的應用發展藍圖指引。

　　新創公司成立之初公司幾乎都很小，絕對困難直接跟銀行合作自建多元的金流模式做商品銷售，第三方支付在此扮演著不可或缺的角色，甚至滿足獨特的交易機制（如預授權、定期定額，或非實體商品服務）。我們公司從創業初期的人工作業核帳，到自動化大

規模的週期訂閱與加值服務收款，最終得益於導入綠界金流服務作為帳務整合，有了第三方支付一同打拼，有效降低了許多無謂的爭端與作業管理成本，甚至包含電子發票的自動開立與網路資安定期健診，滿足電商營運的後勤需求。

　　這本書對我們來說，除了重新審視多年來我們的金流收款方式作為支點，另外也可以進一步探討我們上述的疑問，想找尋更好的「電商金流的多元支付加值應用」帶來新的轉化服務增長點。必須先了解如何有效地使用支付基本功，才能進一步的構思更好的方式幫助公司產品或服務升級。本書雖然是一本引導你如何藉由第三方支付服務快速進入電商市場的知識書，其實也是在談如何藉由獨特金流應用連結消費者體驗加速創意變現的翻轉密技，以差異化創造公司特有的優勢。

　　打造爆款商品，你的後勤準備好了嗎？只要走正確的大路，定成百萬電商新秀，QDM 團隊一起祝福各位讀者圓夢！

增加新創無限可能
降低跨界創業門檻

東聯互動　董事長　陳韋名

在這個世代，年輕人創業的最佳方程式之一，就是網路開店。

年輕人的創業資訊來源大部分來自於 YouTube、Google search 等等途徑。但是從這些途徑，你看到的絕大多數都是已經成功的例子，並不會告訴你初期的考量是哪些。例如新創產業，創業者一定會考量到資金、resource 和 marketing。

在網路開店，採用第三方支付業者所提供的 payment gateway，就佔有了一個很大的優勢與幫助。創業最缺乏的就是資金，創業初期要說服銀行、超商與你合作，為了取得信任，往往要花上超過半年的時間，不停的打交道、進行文件上的來回。第三方支付在這一方面早就已經完成測試串接的過程，我建議創業者可以與第三方支付合作，因為這樣子串接是最方便，成本也是最低，而創業最缺乏的，往往就是資金。

創業總是三五好友一起，湊足了資本、熱血澎湃就出發了，但

是不可能面面俱到。一間公司的組成有太多的層面要兼顧。第三方支付能幫上許多忙，是新創最好的 Solution，花幾個小時就可以在上面開店；往後把精神專注在行銷與產品上面，去發揮產品的優勢，而不是被很煩瑣的法律、會計事務所牽絆住。在公司規模逐漸變大的過程中，你需要不停的驗證成本、市場、效應，此時第三方支付還能扮演很好的協助角色，給你足夠的交易資訊與報表。

我自己創業也有 5、6 次，之前都是電子產業。創業有幾個開始的原因，例如你喜歡某個產業、熟悉某個業種，或者這是你的理想，又或者是被朋友說服跟著他的創業理想。創業是一種邏輯，但是還沒有踏出那一步之前，前方將有一片未知限制住你，而這個限制通常不是你所想像的樣子。

我目前的業態屬於小金額的跨境金流，與之前的電子產業相比，算是跨界創業。業務有一部分是把小筆的金額從台灣匯至東南亞，並把兩邊的銀行串接起來。原本這樣的金融服務很複雜，但我們讓客人只要在超商繳費就能完成交易，而東聯互動是這個業種之中，少數跟超商串聯的業者。

在創業過程中，我以為客戶群建立起來就有穩定的收入，但是他們卻沒有意願繳費。為了要解決這個難題，我整合第三方支付業者的超商代收代付功能，從此跨入了金融服務的創新產業。簡單的說，要讓客戶順利的付款，提高他們付款的意願，我提供了一個非常方便的跨境匯款服務，維持客戶的回流率。

第三方支付讓我在創業時專注於自己的競爭力上，只要找對解決方法，跨界創業的門檻並不高、成功並不遠。

協助電商產業發展
創造買家與賣家雙贏

熊媽媽購物網　資訊經理　陳偉佑

　　台灣電商創業圈的環境之中有許多難題,在流量與行銷投放之外,最難的就是金流與物流。有很多個人、實體商店想要投入網路電商,都會遇到許多不確定與不安,令他們裹足不前。

　　現今網路交易存在多元化的支付方式,以及便利賣家付款取貨的通路,但買家的方便,卻成為賣家經營的門檻。舊有的商業觀念中,要自己找銀行串金流,找通路串物流,但是這些所花費的成本與時間驚人的巨大,例如聘請專業金流工程師的成本等,都需要有相當的營業規模與資金才能支撐。這讓許多創業者放棄部份利潤,選擇透過大型電商平台開店,如蝦皮、露天等;而不是擁有自主經營權的自架平台。第三方支付的存在幫助了創業者擁有自架平台,保有應得的利潤,免除了 IT 上 loading 的費用,還有金流、物流的成本以及開立發票,這些問題都獲得一定的解決。

　　另外,利用第三方支付開業不需要公司行號也不需要 401 報表,

容許個人賣家營業；個人賣家若想串接銀行金流，在銀行這端就會打了回票。第三方支付在金流上提供多元串接，收款上十分便捷；在物流方面也非常強悍，各家超商的店到店物流都已經串接好，費用也相當合理不需要擔心。在實務上，與通路對帳是相當複雜且耗費人力成本。而第三方支付與各大物流通路商串接，並且提供對帳環節，把過程簡化而且有詳細的帳目表單供賣家參考，減少大筆的支出。

　　台灣的電商聚落與大陸比較起來是相當的小，缺少廠商的多元性，當然也是因為企業主獲利的考量，利潤夠高才能走上大型電商平台。希望本書推出之後，可以幫助更多想要在網路上創業的人，或者是線下有實體商店而想要轉線上開店的賣家，理解網路交易的經營模式，免除對它的恐懼。能透過本書踏出第一步，讓台灣的電商聚落百花齊放，讓消費者在購物上的選擇性更多元。這將是一種連鎖反應，衍生出更多的商機讓台灣電商更蓬勃的發展，創造買家與賣家的雙贏。

CONTENTS

CHAPTER 1
電商創業　認識第三方支付

CHAPTER 2
破除 Online 開店迷思

CHAPTER 1

電商創業
認識第三方
支付

01

什麼是線上金流？
讓錢流進口袋

　　根據「財團法人台灣網路資訊中心」調查，全台 12 歲以上超過 82% 的人會上網，而上網的人之中有 64% 以上會網路購物；另外，行政院主計處公布 2017 年網路銷售金額達 3 兆 8 千億台幣。除非商品特性一定要面對面交易，對於想做生意的朋友來說，任何人都不想放過網路經濟這塊大餅，想把這塊大餅吃進嘴裡，有許多種方式，我們統稱為「線上金流」。簡單的說，就是讓買家線上付款，讓「金」錢用最簡便的方法「流」到你的口袋裡。

線上金流是百萬電商的基礎工程

在台灣電商產業中，第三方支付與電商平台都有設計完整的金流服務，才能讓買家輕鬆的用各種方式付款購買商品；賣家也能順利無礙的收到貨款，避免做白工。線上金流收款的服務設計就像是城市的下水道，是協助賣家成為百萬電商的基礎工程。

對於剛創業的網路新手賣家、小型店面，想經營 B2C 或 C2C 網站，幾乎人人都會問同樣的問題：「我適合什麼樣的線上金流？」還有，除了幫助網站提供線上刷卡、到店取貨付款等服務，線上金流還能提供什麼樣的服務呢？

我們以台灣第三方支付業者中最早的綠界科技為例，已取得中信、聯信（NCCC）、玉山、花旗、台新、華南……等多家信用卡收單作業，以及四大超商代收代碼繳費服務。可協助賣家建立含信用卡刷卡、超商代收付、ATM、手機條碼……等完整的線上金流機制。還可協助商家及消費者網路購物的各種問題，提升商家收款的便利性、消費者付款的資料安全及便利；簡而言之，也就是創造買賣雙方更便利的支付工具，讓網路消費無界線。而 momo、蝦皮、PChome 等電商平台，也會詳細設計的線上金流讓買賣服務更完整。

加入第三方支付　擁有全方位金流

一般人在網站上儲值、購物、購票時遇見的各種付款方式，都是線上金流，只要賣家有這些交易需求，無論是遠端還是

線上，綠界科技可協助賣家在網站建置信用卡、ATM櫃員機、網路ATM、四大超商代碼／條碼等收款方式。

綠界科技的服務特點，是賣家無需和個別銀行申請信用卡刷卡服務，只要註冊就可有多種收款方式，並能設定要顯示給消費者單一或多種金流（付款方式）。許多線上金流的信用卡或網路ATM付款，賣家必須具備網站、程式語言能力，才能串接金流到第三方支付，但在綠界科技不論是否有程式串接能力，皆有適合的方案。

信用卡收款通道與服務

許多大型電器賣場、百貨公司，經常在周年慶的時候舉辦信用卡分期、信用卡紅利等等吸引消費者的活動，那一般的小型網路賣家也能辦這樣的活動嗎？當然可以，綠界科技提供賣家20多間銀行信用卡一次付清及分期付款選擇，分期最高可分24期，讓消費者自由選擇分期金額。其中有個對賣家十分重要的資訊，無論消費者刷卡選擇分多少期，貨款是一次撥給賣家。

為了讓賣家對買家有更大的吸引力，綠界科技支援多間銀行信用卡紅利折抵方案，消費者可於結帳時折抵消費金額，最高可折抵100%。還有定期定額交易功能，例如月繳型的會員費用，可以讓買家只需一次結帳，即可按月自動定期支付固定金額，解決賣家每期發給買家收款資訊，以及收款的不確定性；當然定期可以按日／月／年多種期間設定。

為了增加刷卡便利性，減少買家輸入卡號的猶豫期，網頁可綁

定信用卡號，消費者只要成功結帳 1 次，下次結帳即可免輸卡號，讓消費流程更順暢。

什麼是免跳轉嵌入式付款

　　賣家肯定希望買家在自己的網站消費時，能有最好的消費體驗，但是大家都有這種，點下「付款」後，跳離原本購物網站頁面要求付款認證、身分確認；這些頁面會讓買家有「確定要買嗎？」的疑慮。綠界科技推出「站內付™」免跳轉嵌入式付款，直接把交易情境植入購物網站，全程在購物網站進行交易。不必跳出賣家的購物網站，優化消費體驗，減少買家購物的猶豫。

　　「站內付™」不需轉導到金流網站付款頁面，可直接在賣家網頁上付款。而且同時支援信用卡、ATM 櫃員機、超商代碼等收款方式；而且安全規格要求如同綠界科技的其他服務，買家個資、信用卡資料不會外洩。

超商 24 小時代收付款的特點

　　每位賣家都有這樣的夢：「全台超過 10,000 家便利超商都是我的收款櫃台」，綠界科技支援全家、萊爾富、OK、7-ELEVEN 等便利超商條碼、代碼，幫賣家一年 365 天，一天 24 小時代收款項。綠界科技有全台最快撥款，當買家完成付款後，隔日帳戶裡就能看見現金滾進，解決賣家現金部位的需求。

　　如果沒有銷售網站也能銷售嗎？答案當然是可以的，綠界科技使用收款網址、手動產生超商代碼、串接 SDK ／ API 或購物車模組……等多種方式可供選擇，任何形式的交易、電子商務平台都是賺錢的契機。

如何連結 Apple Pay 與 Google Pay

　　果粉族群的消費力一向驚人，認同感強烈，那要如何輕鬆打開 iPhone、iPad、MacBook、Apple Watch 用戶的荷包呢？賣家只要申請 Apple Developer 帳號，綠界金流服務對於有 Apple Pay 信用卡收款需求的賣家會員，提供完整的交易介接技術。使用 Apple Pay 的買家只要把手指放在 Touch ID 上，簡單完成交易付款，不必建立帳戶或登入。

　　全球最多使用者的手機系統，就是 Google 的 Android，人們只要以 Chrome 開啟有支援 Google Pay 的購物網站或 App，結帳時選取 Google Pay 做為付款方式，並進行驗證（與螢幕解鎖相同），免再輸入信用卡資料，即可完成購買交易。

　　賣家需先申請為綠界科技的特約會員，商店網頁串接金流授權交易程式，買家就能線上行動支付，手機一鍵付款，結帳時再也不必東翻西找信用卡。

物流與電子發票一起搞定

　　電子發票是線上金流不可或缺的一環，賣家都不希望在訂單滿載的情況下，還要分神去開立發票、郵寄，增加紙張、人工作業的成本。綠界科技有完整的 B2B、B2C 電子發票系統功能，除了節省人工作業，還協助賣家系統整合，使開立發票簡單快速。賣家也不用自行申請 Turnkey（電子發票整合服務平台）或開發串接及維護系統，系統會透過財政部發票平台 Turnkey 軟體，上傳至雲端等資料傳輸作業。

　　既然「全台便利超商都是我的收款櫃台」，那當然也能成為賣家的物流中心！綠界科技的物流，包含全台 7-ELEVEN（含離島）、全家、萊爾富、黑貓、大嘴鳥。其中 7-ELEVEN、全家、萊爾富還有大宗寄倉、超商寄／取貨付款服務，讓賣家實現「今日訂貨、明日取貨」的服務，大幅增加競爭力。

02

掌握第三方支付
掌握民眾網購趨勢

　　隨著人們購物習慣的改變，周年慶逛百貨公司早已非主流，取而代之 11/11 光棍節、各大線上購物平台的購物節活動，淘寶、PChome、奇摩、露天、蝦皮等購物網大行其道。食衣住行沒有一樣不能在手機「彈指之間」就搞定的，什麼都要能網路刷卡、網路轉帳，現在想經營任何一種行業，如果少了網路付款？那幾乎是先把自己隔絕在成功的大門之外。

如何徹底排除 3 種舊時代電商問題

　　線上交易（即網路交易，實體交易稱為線下交易）服務尚未發達前，以往在網路上買東西的付款方式只會有 ATM 轉帳、傳真刷卡、現金付款三種。第一種 ATM 轉帳，消費者需至 ATM 付款，且完成後需要傳真收據，或是上網填寫匯款通知；提供匯款銀行分行、帳號後 5 碼，好讓賣家進行對帳。若使用 ATM 轉帳，遇上店家生意好，訂單排隊落落長，需要許久的時間來人工對帳，而且容易出錯，相信不少那個時代過來的朋友，都有過類似經驗。不僅沒有效率，且在漫長交易的過程中，消費者有可能以任何因素放棄購買，例如在轉帳前發現更低價格的電商賣家等，俗稱跑單。

　　第二種傳真刷卡，是早期的信用卡應用在線上交易的方式，賣家必須先與相對應的銀行簽約，才能擁有此項服務。賣家提供授權同意書，客人填寫後傳真給賣家，有買方會懷疑個資洩露，更麻煩的是繁瑣的退款流程，常常產生難解的交易糾紛。

　　最後一種是現金交易，如面交付款、送貨代收貨款；當時的代收貨款，賣家真正拿到錢常常是 1 至 2 周以後，對資金迴轉率要求高的賣家，心理壓力、資金壓力相對提高。

　　現在任何牽涉「線上交易」的行業，無論是傳統的買賣業、食品業、服務業，或是直播打賞、購物，甚至是捐款，人們早已相當習慣透過網路。如果還認為購物、消費只是面交、貨到付款、銀行轉帳等方式？不知已落後時代巨輪幾千公里遠了。

線上交易問題多　第三方支付來解決

　　線上交易（網路交易）琳瑯滿目的付款方式，其中與業者息息相關的就是第三方支付，所謂第三方支付到底是什麼？它的出現又是為了解決什麼問題？

　　第三方支付指的是，由買家、賣家之外的第三方業者，居中進行收付款的交易方式，並且保障交易契約的履行。

　　據網路考古的研究，「第三方支付」此一名詞首先出現於中國大陸。當時的定義為：辦理網際網路支付、行動電話支付、固定電話支付、數位電視支付等網絡支付業務的非銀行機構。用生活化的說法，就是上網買東西、訂 Uber Eats、手遊買虛寶合併電信帳單、看 MOD 收費電影合併市話帳單等等，這些交易「沒有直接付款給廠商」，必須經過網路設備。

　　後來只要是「線上交易」，幾乎都可以與第三方支付合作。而為了保障線上交易契約履行的問題，第三方支付業者也因此應運而生。線上交易契約最明顯的問題：「雙務契約無法達成同時履行」及「信任落差」，簡單來說，線上交易因為沒有買賣雙方面對面，因此缺乏信任基礎。

　　舉個生活中的例子來解釋「雙務契約同時履行」；「雙務」是交易的雙方，買方有支付款項的義務，賣方則有提供等值商品或服務的義務。當我們走進電影院，買了 2 張《復仇者聯盟 4》的電影票，然後從口袋中掏出信用卡或現金給售票員，對方即時交給你電影票和發票，過一會走進電影院看電影，這就是「同時履行」。

　　如果你是用手機 App 刷卡購買電影票呢？首先是沒有、也不可

能立刻「一手交錢一手交票」，第二，你也不是很肯定在 App 下訂單就等於確定買到票，因為中間經過許多流程，這些流程都增加了交易的不確定性。換句話說，沒有「銀貨兩訖」，買賣不等於 100% 完成。

防駭防詐　第三方支付保障買賣雙方

有了第三方支付在其中提供履約的信任基礎，避免消費者刷卡沒拿到商品或服務，或是商品品質、價值與預期不符。在這個例子中，若 App 購買電影票發生問題？可以透過第三方支付進行交易的仲裁或款項的退回；消費者不用親自去跟信用卡發卡銀行要求止付，也不用跟賣方談判協調等一堆麻煩事。

學術一點的說法，第三方支付成功彌平了買賣雙方的信任落差，建立了線上交易的信任基礎，雖然沒有銀貨兩訖，但契約仍得以履行。

讓我們總結第三方支付的優點：方便、快速，提供業者客製化帳務管理及提供交易擔保（確認收到賣方的商品後，再請第三方支付業者付款），可防堵網路詐騙及減少消費紛爭。

另外，由於個人資料與交易資料容易成為網路駭客覬覦的目標，而中小型電商因為沒有足夠資金維護資訊安全、建立防火牆，無法杜絕個資外洩風險；第三方支付多會耗費巨資邀請網路安全公司建立安全交易系統；只要是經過第三方支付的交易，受到駭客入侵的機率極低，也保障網路上買賣雙方的利益。

03

國內第三方支付
與電商聚落
的強烈關聯

　　雖然兩岸同樣用「第三方支付」的名詞，但是國內的第三方支付的實質意義卻有很大的不同，國內的第三方支付的制度設計，針對剛起步的新手電商、中小型電商、創新產業有的特殊需求而設立的，也就是說「第三方支付讓國內電商聚落得以成型，讓新創產業站穩腳跟」。

收單銀行如今仍不接受中小電商

在 2003 年時，大陸的淘寶網成立，給台灣業界非常大的震撼，因為淘寶網無論個人或是中小型企業，只要輸入簡單資料後，就能在電商平台上開設自己的店舖，而且審核只要約 2 個小時。當時在台灣還沒有類似的平台，如果新手電商想開店，並使用信用卡收款？必須先向收單銀行申請，也就是申請信用卡特約商店，審核通過才能讓買家刷卡。

但在十多年前的收單銀行卻有多到滿出來的限制，無法申請、核准的原因很多，例如申請者是個人，資本額太小不核准；剛剛成立，沒有超過 6 個月不會核准；販售的商品非實體，例如遊戲點數卡、家事服務等等，都不會核准。簡而言之，收單銀行只接受大型企業且有門市的線下交易（實體店面交易），然後協助安裝刷卡機。直到現在，網路賣家要去收單銀行申請線上交易依然難上加難。

為了追上世界電商腳步，根據民國 102 年由銀行公會制定，106年修改的《信用卡收單機構簽訂『提供代收代付服務平台業者』為特約商店自律規範》，因為這條法律的出現，才有了第三方支付。

台灣第三方支付的本名叫「大特店」

法律中規定，由財力雄厚、信用良好的業者成立「大型特約商店」與收單銀行簽約，是所謂的「大特店」。大特店的角色為受理中小型電商申請金流，由大特店賺取價差提供履約保證，

收單銀行就不會有疑慮，有了這樣的規矩制度以後台灣的電商才開始蓬勃發展起來，進入全民電商時代。從此以後不管大中小型公司甚至個人，都可以在很短的時間內成立電商，而電商的聚落也因此成型。

　　雖然台灣第三方支付的實質運作與大陸有相當不同，但是作用類似，因此台灣的「大特店」也稱為第三方支付。台灣的第三方支付可提供電商開店強大的競爭力，扭轉以往世人以為電商平台就是電商的誤解。

　　第三方支付代替收單銀行的角色，與新手賣家雙方簽訂合約，受理銀行業者不願意做的線上金流業務。為何當初銀行不願意承接小型電商的金流呢？之前提過，線上交易有 2 種缺陷，其一是「雙務契約無法達成同時履行」，其二「買賣缺乏信任基礎」；加上個人電商有可能拿了錢「跑路」（雖然機率非常低），擔心小電商倒了銀行要賠錢；所以根據法規限定，第三方支付必須為代收代付實質交易，也就是擔保店家倒閉時銀行、買家不會受到損失。

避免線上交易詐欺　以「價金保管」來因應

　　因為線上交易可能會存在詐欺，第三方支付業者於是進行「價金保管」的動作，買方付的錢由第三方支付業者暫時保管，這就是 7 天猶豫期的執行依據，若是 7 天內賣家沒有出貨或者是出貨的品質不合雙方契約，錢就由第三方支付退還給買家。若是賣方照合約出貨，但雙方溝通出了問題、糾紛，此時第三方支付業者也可以提

供仲裁，協助雙方與消保單位協商談判。

　　錢存放在第三方支付業者的戶頭，會不會讓買賣雙方有疑慮呢？為了避免疑慮，價金 100% 存在信託銀行的信託管理戶之中，第三方支付業者也不能動用。在交易約定的時間到期後，錢自動轉進賣家的戶頭，不透過第三方支付。

　　如此有了第三方支付業者代收代付實質交易之後，買家可以放心的買東西，不會發生幾年前臉書上發生的案件，買一台 iPhone 送來一罐紅茶，買蘋果電腦寄來一箱蘋果之類的詐騙。

　　台灣最早的第三方支付可追溯至 1990 年代末期相繼成立的紅綠藍三間公司，分別是最早的 1996 年綠界科技、1998 年紅陽科技、2000 年藍新科技，其中綠界科技的市佔比超過 50%，是全台最大業者。

　　上述業者早期提供電子商務網站建置服務，以及所需的代收代付金流機制，讓網路業者免於一家一家地找銀行簽訂刷卡收單合約。在目前複雜多變的網路交易環境下，紅綠藍三間公司早已整合多項業務，提供更完整的服務。

第三方支付、電子支付　傻傻分不清？

　　除了第三方支付，其他與消費者生活較為密切的，還有電子支付、電子票證小額支付及行動支付等，容易與第三方支付混淆。

　　依據金管會於 2015 年 5 月 3 日實施《電子支付機構管理條例》，電子支付是使用者必須先註冊及開立帳戶，用來記錄資金

移轉與儲值情形；可利用電子設備，如手機來連線傳遞交易訊息。依照電子支付管理條例，金管會目前允許專營業者為：歐買尬子公司的 O'Pay 歐付寶（歐付寶與綠界科技合併），遊戲橘子數位的 GAMA PAY 橘子支付、智冠科技的 ezPay 簡單付（智付寶合併藍新科技）、網路家庭 PChome 的 Pi 拍錢包、街口電子支付的街口支付等。電子支付之中的 LINE Pay，因為不能轉帳、儲值，雖然是電子支付，則屬經濟部所管轄，非屬金管會所直接管轄；配合收單機構管理辦法，僅能做實質交易代收付。

　　手機使用密切相關的三大 Pay（Apple Pay、Samsung Pay、Google Pay），則是信用卡使用的手機延伸，既非電子支付，也不是第三方支付，三大 Pay 並沒有代理收付金流。換句話說，交易款項會直接從買方的發卡銀行帳戶，轉到賣方的收單銀行帳戶。其他與線上交易有關的，還有金融業插旗辦理線上 ATM、信用卡網路交易代收代付服務，如中國信託商業銀行、第一商業銀行、玉山商業銀行、永豐商業銀行、第一銀行及中華郵政公司等。如果是用卡片儲值來進行交易，則稱為電子票證小額支付，例如悠遊卡、icash 卡等，法源則依據金管會 2015 年 6 月 24 日大幅修正《電子票證發行管理條例》。

04

線上金流與銀行的
費用與效益

　　大家或許還記得這一則新聞，行政院在 2018
年喊出了「行動支付元年」的口號，希望推升行
動支付的比例。不過在 2019 年 6 月資策會 MIC
的調查結果，網友最習慣使用的網購支付工具第
一仍以信用卡為主，而且占比為 76.9%，第二名
是超商貨到付款，而行動支付更是遠遠落後。

為什麼中小電商不接銀行金流？

　　既然信用卡的使用人數這麼多，發信用卡的大多數是銀行，那電商是不是直接去串銀行的金流服務（業界稱直串銀行）比較好呢？但是偏偏市場上絕大多數的自有品牌網站、中小型電商、個人電商幾乎都是選擇第三方支付，古書中形容做生意的人是「銅錢眼裡翻筋斗」，對於利潤非常精明，會這麼選擇有其原因。我們就來比較使用第三方支付，與串接銀行的費用與效益，看看多數電商為何選擇第三方支付。

　　國內的商業銀行通常有提供電商「線上金流」服務，其中以玉山、台新、永豐、富邦、國泰世華、中國信託等等的服務較為大型電商偏好；其實，說偏好也不十分正確，因為銀行與大型電商合作由來已久。其中，玉山銀行是最多電商平台配合的銀行，資訊化程度也最好，例如蝦皮跟玉山配合；國泰世華有自己的購物商城TreeMall，momo 平台則屬於富邦金控旗下等等。

　　新手電商該如何決定要與銀行合作或是選擇第三方支付？首要依照合作條件，挑選適合自己的線上金流。以下表格對比線上金流的大致情況，而詳細的申請條件與門檻，看各個賣家情況與申請單位而有所不同，其中綠界科技是最多賣家簽約的第三方支付，因此資料以它為例：

申請對象

項　　目	第三方支付 （綠界科技為例）	一般銀行
申請條件	1. 個人、公司均可，填寫基本資料即可申請 2. 網站可為臉書等社群媒體	1. 公司資本額須大於500萬 2. 具備正式網址、網站內容 3. 網站須安裝 SSL，確保資訊安全 4. 若為虛擬商品則審核嚴格，電商須提供質押
支援金流	**多元** 信用卡、實體 ATM、網路 ATM、虛擬 ATM、四大超商代碼、超商取貨付款、行動支付等	**有限** 信用卡、實體 ATM、網路 ATM、電子支付
審核速度	**審核快** 1. 完成一般收款申請只要 2 至 5 天內 2. 申請信用卡收款另外審核	**審核慢** 1. 不同部分審核單位可能不同 2. 每一單位審核時間需要 2 至 7 天以上

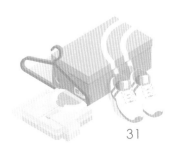

	簡單	各銀行串接難度不一
串接技術	1. 串接時間短，賣家只要具備基礎網站知識，可利用多種實用套裝模組完成 2. 適合搶時間上線的商品	1. 串接時間長、測試繁瑣 2. 須聘請程式工程師專人維護
收費重點	1. 個人、商務會員：僅刷卡手續費 2. 特約會員：刷卡手續費、系統設定費、依合約年限收取服務費	1. 第一次合作繳交保證金、設定費 2. 刷卡手續費依支援計畫變動 3. 各單位審核規費

申請銀行金流注意事項

　　首先，銀行非常重視「風險管理」，因此不管在任何事情上都會有層層疊疊的機關、主管要審核蓋章。每一個部門會有自己的流程要跑，申請串接銀行金流的人必須跟著銀行的制度走，完全不可馬虎，也別想有捷徑可走。第三方支付一樣重視「風險管理」重要，但主要是防止個資外流；而銀行是金融體系的重要部分，因為業務太過繁雜，思考的方向與第三方支付業者不同。

銀行金流串接測試

　　先把剛剛的概念放進心裡，就能大致了解銀行的串接規矩。例如它的串接程式設定與操作都會給操作手冊，確實是很「專業」。當賣家自己是網路程式工程師時就沒問題，不然就必須聘請工程師在公司裡專案負責。而串接並不是信用卡，實體 ATM、網路 ATM……全部一次打包，而是各自分開的，有不同串接與測試方式，每一項都需要十多天的時間。若是全程讓新手賣家自己來摸索，遇到的關卡可能多不勝數。

銀行金流維護

　　賣家無論選擇串接銀行的線上金流，或是第三方支付的線上金流，每個月都會遇到 1 至 2 次的程式更新，但情況如同金流串接般專業。串接還不只是金流，還有物流、電子發票都要串接，所以面對銀行不時的異動、維護，賣方都要有專業人士來應對，否則出了問題就斷了金流。

年費、規費等費用

　　銀行各部門都會收年費、規費，加上賣方還要聘請串接金流的專業工程師，如果刷卡的量體不大，可真的會虧錢。在刷卡量不大時，銀行與第三方支付的刷卡手續費是差不多的，有時銀

行的還會高一些，畢竟銀行處理大客戶習慣了，對於小電商就不會這麼貼心。

服務費用		
項　　目	第三方支付公司（綠界科技為例）	銀行
申請資格	個人、公司	限定資本額大於 500 萬以上公司
支援計畫	不限	高階、豪華
支援發卡組織	國內外 VISA、master card、JCB、銀聯卡	國內外 VISA、master card、JCB、銀聯卡
刷卡手續費	特約會員：2% 起 個人、商務會員：2.75%	豪華計畫：2% 高階計畫：2.4%
國外刷卡手續費	特約會員：2% 起 個人、商務會員：2.75%	2% 至 2.99% 或更多
一次性費用	免註冊費 個人、商務會員：無一次性費用 特約會員：系統設定費	有，保證金與設定費 審核單位多，各單位均須繳費
刷卡需轉跳頁面	否	否

支援 3D 驗證	有 特約會員可關閉	有
信用卡 分期	特約會員 30 間以上銀行合作、 最多可申請 3、6、12、 18、24 期	無
撥款天數	付款後 7 日 特約會員另外議定	以合約為準
收款額度	個人會員：30 萬 商務會員：50 萬 特約會員：超過 50 萬	無限定

銀行金流方式多元程度

　　電商的金流方式愈來愈多元，20 多年前只有 ATM 轉帳與代收貨款，現在信用卡、實體 ATM、網路 ATM、超商代碼、取貨付款、行動支付等等，每一種都有數個到數十個廠商。銀行串接這些新型態的金流，每一種都是不同部門負責，有些較少人使用的，自然不被銀行收進服務名單裡。像是最新流行的是 Apple Pay、Google Pay 這幾項行動支付，就不是每一家銀行都有。

CHAPTER 2
破除 Online
開店迷思

05

市場變化快
哪種支付方式
能幫助賣家

　　每當有個新產品，電商都是一陣風一陣雨，
不停追著，這個月不趕快推出？下個月市場就飽
和了。碰上申請金流串接銀行慢吞吞怎麼辦呢？
就看賣家有沒有預知未來的能力吧，至少比其他
人要提前 2 至 3 個月開始動作就沒問題。台灣是
「淺碟型經濟」，市場變化的速度是日本美國的
好幾倍快。因此對市場變動敏感的第三方支付，
在機動性、應變能力方面就優於銀行。

第三方支付是「拳頭」中的「拳頭」

社交媒體、電商平台，早已成為民間經濟活動中的「拳頭」，不斷將觸手擴張到各種傳統產業的版圖，在經濟中占有舉足輕重的地位，而第三方支付可說是「拳頭」中的「拳頭」.。

任何個人電商、品牌電商去做自有品牌網站，一定需要打通線上金流的關卡。不過面對瞬息萬變的市場，究竟要選哪個「拳頭」當武器，是支援大型電商、電商平台的銀行，或大中小電商都愛的第三方支付，還是電子支付、行動支付？關於第三方支付能做哪些事，我們在前面的篇章都很清楚，那我們現在就來認識，其他幾種支付方式在支援電商的部分到底能做到什麼？

大部分的新手賣家可能搞不清楚「電子支付」、「第三方支付」有何不同。簡單來說，台灣目前的法規，非現金支付工具有「第三方支付」、「電子支付」、「電子票券」3 類。

台灣目前較多人使用的是電子支付是 LINE Pay、街口支付、歐付寶等，它的功能類似大陸的支付寶、微信支付，都是需要實名驗證的電子錢包，不過 LINE Pay 不具轉帳功能。而在媒體上很火紅的名詞「行動支付」，則是把這 3 類支付應用到手機上。如 Apple Pay、Google Pay，必須綁定信用卡，才能支付，是信用卡的延伸。

「電子票券」中較具代表性的就是悠遊卡與一卡通，民眾可以進行儲值，支付小額消費，但無法轉帳。

銀行經營電子支付　只是把業務延伸

新手賣家在建立自有品牌網站時，可能會遇到這樣的選擇，金流究竟要選銀行還是第三方支付？

我們要先知道，其實銀行屬於電子支付，銀行透過電子支付把原本的業務延伸，進而支援電商。目前有線上金流（線上收單）的銀行，都可以兼營電子支付。銀行也把原本的業務拿到網路上來做，包含了信用卡、Web ATM 等，加上電子支付，感覺似乎有點像第三方支付，卻少了很多功能，如物流、電子發票、資安，這些業務銀行不會管，電商需自行解決。

簡單說，第三方支付除了轉帳功能之外，其他金流通通可以串起來，信用卡、代收貨款，還加上物流、電子發票、帳務管理……樣樣都來，比銀行多很多。例如綠界科技、紅陽科技、藍新金流等公司提供的金流服務。

看到這有人問，銀行與第三方支付看起來有業務上的競爭，為什麼發卡銀行願意與第三方支付合作？

因為第三方支付業者通常能連結到不支援信用卡付款的小型電商及個人電商，便利他們收款也擴大利基及業務範圍，銀行也樂得把交易風險轉給第三方支付業者。

現在電商經營社群做線上交易，正是一個風起雲湧的年代，比如網路打賞、網路團購、臉書直播主等 B2C 交易，這些經營社群的人屬於無法跟銀行簽約的個人，當然要找第三方支付。在信用卡手續費上雙方相互讓利，談出讓簽約電商覺得合理的費率，發卡銀行

當然沒有拒絕的理由。

電子支付類似銀行轉帳　限制多

　　電子支付的特色很類似轉帳，交易方式也必須先存錢，才能支付貨款到賣家電子支付的戶頭。電子支付可透過手機就能把錢轉到其他人的戶頭，不管是哥哥、阿姨、三舅公、四嬸婆、路邊麵攤及任何你想給錢的人或店家，前提是必須先在電子支付的帳戶裡要有錢，支付與收款者必須使用相同的電子支付。

　　綜合以上，對於電商來說「電子支付」的實用看似很廣，但實際上呢？第一，雙邊都要有相同的電子支付帳戶，這就形成了很大的限制。所謂「海不辭水，故能成其大」，想做生意絕不能挑客戶，當然不能限定客戶使用哪間電子支付；只看發卡機構而不看發卡銀行的信用卡，反而更為方便。

　　第二，電子支付帳戶裡最多只能有 5 萬，如果賣家正要成交之際，買家才發現餘額不足，或是商品金額超過 5 萬，生意就吹了；當然信用卡也有額度，但是很少只有 5 萬額度。

有多大規模　才需要銀行電子支付？

　　在之前的問題中，新手賣家建立自有品牌網站時，選擇銀行還是第三方支付的金流服務？若賣家的已經選擇「直串銀行」，用銀行的電子支付，信用卡手續費也談好，接下來就是串接金

流。選擇直串銀行，賣家要懂網路程式，或是請工程師協助。

先談串接較簡單的第三方支付，通常考慮到賣家是小型廠商或個人，利潤恐怕養不起工程師，第三方支付提供無技術串接。比方簡易網路開店、超商代碼付款、用 QR Code 付款等，而且還提供完善的管理後台，對帳不用請人，相當簡單。

第三方支付已經準備好提供的串接服務有哪些呢？其實相當多，以買家來說最需要的有：信用卡刷卡、信用卡刷卡分期、超商代碼、Web ATM、超商取貨付款……等等。所以我們要記住，這些都是實務上買家最喜歡使用的金流，如果要建立自有品牌官網，至少要完成以上的金流串接。

賣家會有疑問，在多少營業額的狀況下，可以請得起程式工程師來幫忙維護銀行的金流服務？我們假設銀行與第三方支付手續費在最大差異下，刷卡 2% 與刷卡 2.75% 來比較，請賣家們好好算算。

1. 賣家月營業額 100 萬，串銀行一個月可多賺 7 千 5 百元；要幾個 100 萬才能請一位工程師？
2. 多少營業額才能抵銷其他直串銀行多出來的成本？
3. 營業額要到多少，銀行才會給 2% 這麼優惠的手續費？

如果新手賣家在創業時，已經找好了一位網路程式工程師當合作夥伴，或是賣家自己就會一些，或許會想到串接銀行。請容許我們說實話：「絕大部分工程師不是金流專業」，除非有經驗，串接銀行金流不會是一般程式工程師能做得來的，必須聘請專職的金流

工程師，否則消耗的金錢與時間，肯定超乎想像。

　　另一個串接銀行時會被提出的問題，就是買家結帳時，會看見刷卡頁面出現銀行認證的服務畫面，會引起些許疑慮。但是目前已有第三方支付解決的這個問題，例如綠界科技的「站內付™」。使用程式串接訂製直覺的付款體驗，不僅結帳便利快速，也幫助賣家提升自有品牌網站的消費質感。

金流串接好了！那物流呢？

　　若是經營實體商品的電商，在考慮選擇金流服務時，還要想想物流的問題。

　　我們以目前物流中最大宗的「超商取貨」來說，除非賣家是資本雄厚的電商平台，自己去跟四大超商談，否則還是必須回到第三方支付來。我們以「7-11 店到店超商取貨」服務為例，無論賣家選擇了哪間銀行、哪間第三方支付，都必須到「某一間」第三方支付來申請物流寄送服務。否則只好跟買家說明，我們商店只跟別的物流簽約，請改變取貨習慣，接著買家抱怨家附近只有小 7……等，很有可能訂單在這樣一來一往之間就掉了。

　　既然如此，為何不一開始就在第三方支付一次串接完畢呢？而且串接工作在第三方支付的系統上相對簡單。

　　「收錢、付錢、物流要找誰才能搞定？」看了以上的說明，各位賣家心中應該會有答案囉。就新手、小型電商，甚至大型電商來說，第三方支付的方便性無可替代，所以建立自有品牌網

站時，願意使用第三方支付的金流服務，節省下來的時間與費用絕對是值得的。而大型電商或電商平台的交易額度非常龐大，與銀行合作能談出漂亮的刷卡手續費％數，此時串接銀行的優勢才會顯現。

06

何時創建品牌官網
從這時開始

　　「只要商品夠好，一定會有人買單，不需大費周章的去經營官網」，這種時代早已經過去了。在前面的章節，我們提到新手賣家可以同時布局電商平台與自有品牌網站。以電商平台優先，提升曝光度、人潮流量、收納忠實客戶、確保獲利等兼顧多重目的。但創建品牌官網要何時開始？成為大多數人的問題，解答其實也很簡單：要從開店那一刻開始。

焦點在「品牌」

要「電商平台優先」又説「開店就要建立品牌官網」，這是矛盾嗎？要建立品牌官網先建立品牌，我們先將焦點放在「品牌」的重要性上，從一般買家的觀點來看網路購物「品牌」有跟沒有的差別。

我們以電商中十分出名的「東京著衣」為例，東京著衣2004年從雅虎拍賣起家，後來建立自己的品牌官網，年營收達上億新台幣；雖然創辦人日後爆出問題，造成經營權轉移，但是「東京著衣」這個名字卻深入消費者人心，成為網購女裝第一品牌。這個宛如童話般的故事，裡面的每個環節都在告訴買家「你進來不只是買衣服」，或是説，它如何建立買家對網路服飾品質的信心並提升購買意願。

單是討論品牌名稱，「東京著衣」便已經是一門學問。台灣人在購買商品時對「日本製」較情有獨鍾，因為日本商品的品質有一定水準，能獲得信賴感。因此，台灣有很多品牌也都喜歡用近似日文或日本文化的名字，自白肌、太和工房、SEXYLOOK、森田藥粧、日藥本舖，還有我們現在討論的「東京著衣」，而「東京著衣」是上述所有品牌中最早出現的。

相信「東京著衣」的創辦人在設定他的網路商店時，必定花了一番心思；當時雅虎拍賣可能有數千至上萬的成衣賣家，除了「錢、賺錢、賺大錢」之外，他還想著如何建立一個一看就記得的品牌名字，而且這個名字的形象定位跟時尚、品質、高價做連結。總結以上，「東京著衣」的創辦人從一開始就決定要建立品牌，還利用下

意識，把品牌與買家大腦建立極強的黏著度。

自架官網還是加入電商平台？優點分析

討論品牌官網的優點之前，先看看電商平台的優點：
1. 單次刊登商品費用相對便宜
2. 電商平台自己會經營流量
3. 開店相對簡單

　　這些優點都是相對於品牌官網而言，電商平台的費用平均之後，單次刊登商品費用會比較便宜，但是每個電商平台都不同，需要細查與計算，這三點在之後的篇章有詳細敘述。

自有品牌官網的優點

　　自有品牌官網除了做美美的當「形象網站」，最主要的優點？當然是做購物網站賺錢囉！那可是以前時代的說法。自有品牌官網是賣家「金流的發源地」、「行銷創意的執行地」、「忠實客戶的養殖池」。在「金流的發源地」方面，由第三方支付協助後，賣家就能更努力的在自己「本職」上用心，也就是打造創意行銷與客戶服務上，畢竟這才是做生意的王道啊。

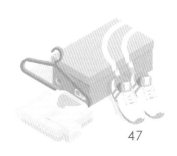

自有品牌官網的優點

1. 「品牌塑造」提升買家品牌認同感
2. 自己掌握銷售的管道
3. 串接臉書、IG、LINE 等社群網站,買家問題在第一時間可得到回覆
4. 直接掌握商品的狀況、品質、保固
5. 對於老客戶提供第一手的最新資訊,提升回購率,建立口碑行銷
6. 商品有廠牌做保證,顧客不擔心買到假貨或爛貨
7. 培養自己的會員大數據,依照會員資料、消費習慣規畫行銷活動、優惠方案
8. 網站頁面廣告配置,能依自己的需求設定
9. 分析顧客資料,追求廣告效益極大化

大家一定要記得,如果沒有自有品牌網站,無論哪個電商平台 Yahoo、PChome、momo、樂天、蝦皮等等,行銷的模式都一樣「流血殺價」。只要動腦想想,一樣或類似的商品 A 賣市價 8 折,B 就賣 6 折;而且買家只要在網頁上動動手指,比價一覽無遺。所以電商平台上賣家經常銷售金額創新高,利潤卻是創新低,而電商平台卻愈養愈大、愈養愈多。

自有品牌官網成不成功?就看忠實客戶的回購率高不高,也是「忠實客戶的養殖池」養的好不好。成功的電商賣家一定都很重視自己的客戶,並且在老客戶服務上下功夫,畢竟經營老客戶比開發

新客戶的成本低很多很多。不過促進回購率不是在官網上廣告寄 EDM，或是 FB 找小編發新帖之類；要抓住消費者心理畢竟不是那麼簡單，只能請賣家多多找資料來研究。新手賣家先衝新客戶，等到開店 2 年之後，把回購比例的目標定在 20% 至 30%（以一般日常生活用品而言），達到就算是成功了。

自架官網最麻煩的部分是它

平台開店相對簡單，因為建立一個品牌官網需要付出相當多的時間、心力、人力。而且有些基本知識要了解，例如對於網站架構要有一些基本認識，要聘請網路工程師或至少要會跟工程師溝通。

以前建立品牌官網最麻煩的部分是線上金流，以往可說是最耗費時間、人力成本；網路工程師幾乎都是在處理這一部分。現在建立品牌官網可以把這些全部交給第三方支付，比如交給綠界科技等公司來處理，不用「為了喝牛奶養一頭牛」。不僅人力成本降低，也不花什麼時間，賣家可把心力放在最重要的事情上面──商品服務與提升銷售量。

賣家自有品牌官網的設立大致上不脫離以下的程序：
1. 參考別人的網站
2. 思考網站所需要的功能
3. 請網頁設計公司設計（或自請網頁程式工程師）
4. 與網頁程式工程師溝通

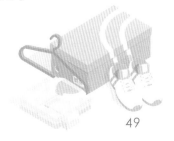

5. 選擇第三方支付或自己串接金流、物流

　　還有買網址、請攝影師拍攝商品照、美術設計等就不一一列入，其中比較需要注意的，是網頁設計的價格高低、品質好壞差異極大。並不是價格高（低）的品質一定好（爛），而是有些網頁設計是拿固定版型去套用，並非由工程師針對客人需求去修改。一旦要增加新功能或是要修改，網頁設計公司就無法處理，甚至會搞到自己花錢請工程師也解決不了的地步，最後全部打掉重練，但是之前網頁設計的費用是不會退還的喔。

　　另外，現在大型電商平台會推出品牌官網，也就是說，賣家配合電商平台的系統打造品牌官網，但功能陽春、更別說修改，所以從本書一開始我們都說「自有品牌官網」，而不會只說「品牌官網」。這樣的方案可說「便宜又快」，因為付錢給電商平台租一個空間，用的是電商平台開發好的程式，只要上傳商品圖片、廣告文案就完成，但是賣家能修改的東西幾乎是沒有，只求不出錯而已。有基礎銷售、物流功能，代開發票等……其他就別想要求了。

　　其實還有一個很現實的問題，如果你的品牌官網在電商平台上，又要在電商平台以外網站引流量、打廣告，進來的人潮是幫了自己的業績，還是跑到平台其他賣家？成交的客戶會成為自己的忠實客戶還是平台的？錢又是誰賺走了？這些都要好好考慮。

07

實體店面電商化
的迷思與誤區

　　電商（電子商務）真正的作用，是將開店「虛擬化」、「數字化」、「低門檻化」。在網路上開店，眾所皆知是在虛擬空間開店，甚至連商品也是虛擬的，例如遊戲虛寶、論壇帳號等。「數字化」指賣家可以不用花太多力氣，就能將經營成果數據化，甚至看到「在店門口看一眼的人數」（瀏覽量）。至於低門檻，是賣家不用考慮先湊一筆開店資金，因為不租店面、不須大量囤貨；也不用太複雜的知識儲量，因為金流都有系統可以處理，不過成本不會比較低。

電商一定比店面便宜？

常聽到有人說：「在店裡買要○○元，回去在網路上找找看有沒有更便宜。」電商的價格一定比實體店面低價？也成為許多實體店面不願電商化的藉口。

民眾的直覺反應，電商比實體店鋪的「開店成本」更低。因為不用租個十來萬的店面，也沒有裝潢、沒有展示品、不用請店員……等。但實際上因為缺乏實體店面，就無法期待買家「經過門口」成為過路客，沒有街坊鄰居成為老主顧。賣家去電商平台開店，要付年費、廣告費、要「抽％」；而且不請店員也要請員工、請社群小編，常常辦折扣、行銷等活動，種種的成本恐怕不會比實體店面低多少。若要深入探討，電商與實體店面的成本計算方式大大不同，根本不能比較；而那些電商會比較便宜通常有許多因素，最常見的，就是故意比實體店面便宜一些，藉此改變大家的消費習慣。

電商就是殺價競爭？

電商的商品因為常常需要行銷活動，就成本來說並不會比傳統店面低；但是常逛網購的買家一定有這種感覺「電商就是殺價競爭！」因為只要在電商平台輸入商品進行搜尋，就能進行比價動作。

像是 2018 年的網購排行榜冠軍美國「牙齒美白貼片」，就能搜尋到數十個結果，價格一盒從新台幣 899 到 699 不等。在螢幕上列出一排由高而低的售價，的確會給人「殺價競爭」的感覺，但那只

是感覺，因為決定價格的因素太多，起因並不一定是競爭，除了特價活動外，可能是跑單幫、即期清倉等。這一類低價的因素，同樣也會出現在實體店面，只是不會放一排各個店家的價格給買家做比較，也就不會給人有殺價競爭的感覺。

買家的理性需求會購買更便宜的商品，但提供更舒適愉悅的購物體驗才是賣家要競爭的。包括提供國內難買到的商品，及更多元的消費選擇，甚至是銷售衣服提供 App 線上穿搭試衣，用這些方法來提高增額價值，目前也有電商在做。

電商是實體店面的救命仙丹？

實體店面的老闆可能會這麼說：「一堆賣不出去的庫存怎麼辦？拿去網路上賣掉換現金」，這常常是轉電商的理由。

把網路當作是企業救命仙丹的迷思，從電商出現後從來沒少過，為什麼？因為常有媒體報導，某店家因為透過網路，生意起死回生，營業額嚇嚇叫。前幾年還有一則新聞，十多歲○姓少年透過臉書和網拍賣 3C 產品，創造一年千萬元營收，還被國稅局追繳稅金，而這些新聞都讓大家對於電商有了奇妙的幻想。

實際上電商跟實體店面的本質十分接近，只是買家接受訊息的管道不同。正確來說，除了某些虛擬商品，多數實體世界賣不出名堂的東西，也無法期待電商上能夠賣得好。如果你的實體店面只是因為剛剛說的「神奇」新聞或網路訊息，想要開始轉電商，那麼你應該認真思考這句話──電商只是銷售管道不同而已。但

如果目標是要接觸更多買家，或是利用促銷活動來營造網路聲量，拉住更多忠實客戶，那就能夠透過電商得到好處。

「抽 ％」愈低愈好？

之前的篇章已經提過，電商平台上架要「抽 ％」。但是我們沒有提到，各個大型電商平台間「抽 ％」不僅不一樣，還不是「單一費率」，依據商品種類而有不同。比方說，電腦手機等 3C 用品「抽 ％」約 2% 至 5%，美妝、服飾可能在 15% 至 30%，入倉的商品約在 50%。一般來說這些「抽 ％」不能討價還價，但是只要廠商夠大，也不是不可能。

情況來了，如果賣家商品是美妝保養品，A 與 B 二間大型商城抽 ％ 分別是 15% 與 20%，要選誰？

「當然選低的，少賺 5% 多虧啊」，這不是比價而是選擇經營的方向，如果加個條件，A 是女性賣場，B 是拍賣商城，美妝保養品的賣家要怎麼選？這時是不是得看品牌特性。再加個條件，A 常在捷運、公車打廣告，B 常在臉書、網站邊欄上 DM，又要怎麼選？除了這些，還有金流服務、物流選擇……這些因素都應該列入經營方向的選擇，所以「抽 ％」絕不是愈低愈好，也不是選擇電商平台的依據。

轉電商後就有大數據分析？

　　傳統實體店面轉電商，其中一個好處就是可以取得交易的大數據資料。以往在門市只能利用 POS 做到基礎的交易資料收集，但是對於沒有消費的客人，就只有客服、門市人員的紀錄，大多數不夠詳盡。如果在設計自有品牌網站時多花點心思，可取得商品瀏覽率、各網頁流量、瀏覽時間等完整電子足跡記錄，結合顧客詢問度、交易金額、收款時間長短等傳統資料，提供賣家大數據分析；並利用分析結果，修改運營方向與行銷策略。

　　部分電商平台也會提供幾組數據，並以提供大數據為平台特色吸引賣家開店；這出現了一個迷思：有這些資訊就是大數據分析了嗎？揭開數字面紗！這些不過是一卡車的電子資料，不是大數據分析。實際上的「分析」，是以經營目標為前提，透過演算來取得結果，但是賣家必須理解數據，並依照演算結果改變經營習慣，輔助後續大數據分析獲得更精確的結果，增加演算的成功率。

　　所以電商平台數據不等於大數據，更不等於大數據分析，大數據需要自有品牌網站才能完整收集。

直播電商很好賺？

　　利用網路直播賣東西的熱潮已經走了好幾年，看似是電商經營，其中也有不少是實體店面兼直播的模式，吸引更多消費者購物，許多人可能認為開直播賣東西輕鬆、方便又好賺，但事實卻

不是如此。

　　在網路資訊爆炸的年代，網紅、名人轉職直播電商，在自己的社群貼文就可以把人氣帶過來，但其他人要怎麼讓買家看到直播？直播電商類似實體店面的交流模式，直播主與顧客互動成為關鍵。一場直播銷售約一小時，在開播之前，直播主需要準備商品相關話題，表現有趣幽默的溝通方式，取得買家信任與認同；買家的反應也經過社群媒體，立刻回覆給直播主，整個過程通常需要有實際銷售經驗的賣家才能做到。要是人氣不足，也能邀請有人氣的網紅當來賓，做流量操作，但成本不菲。

　　另外，直播設備也不便宜，相機、燈光都是必買，初期不想買也可以花錢租攝影工作室。銷售利潤是否能將初期建置成本打平，或是在開播後讓人氣流量持續上升不墜？這些操作都是對賣家的挑戰。

引流量最重要？

　　既然想要加入電商行列，一定脫離不了創造 SEO、引流量這一關。SEO 是搜尋網站最佳化的意思（search engine optimization 縮寫 SEO），透過了解搜尋網站的運作規則來調整網站內容，提高買家搜尋相關字時，賣家網站在搜尋結果的排名順序。簡單的說，就是改變自有品牌網站上的內容，來增加流量。其他引流量的方法，比如在搜尋網站買排名、在各大入口網站買廣告；另外針對社群媒體，賣家可邀請網紅或明星來替自家產品拍短視頻，希望把人氣引

導到網站上。

　　但若產品對買家的吸引力不足，或是目標族群不正確？以上種種都只是做白工。曾經有家電賣家花大錢請身材豐滿的網紅代言，拍攝的短視頻有數十萬的流量，但是賣了多少產品呢？第一個月只賣出十多個商品，後來也沒增加多少。所以「網路流量≠銷售量」，針對買家需求開發商品、打造品牌，認真經營自有品牌網站才是金流長長久久的關鍵。

廣告投在當紅社群媒體很有效？

　　「廣告預算有限，所以只要投放在最大的社群媒體就好。」在臉書、LINE 打廣告的電商口中，這樣的對話常常出現。以往實體商家的廣告策略便是如此，預算能上電視，就打電視廣告；而不會去想雜誌、報紙廣告，因為最大的媒體最有效。

　　有個網紅加持而熱銷的保健食品，剛開始也是只在臉書投放廣告，想法很簡單，因為最大，所以能抓到最多買家。但是臉書廣告規則一變再變，目標族群不易掌握，除非大幅增加廣告金額，不然效果會愈來愈差。此時賣家將有限的預算挪出一部分，放在購買關鍵字及 LINE@ 經營上，提升知名度並結合自有品牌網站，既可服務忠實客戶又能穩定維持營業額上升。

　　實體店面電商化之後，許多實體店面常用的經營概念，在電商反而成為誤區。需要深入自我分析品牌特性，多角度研究營運策略的優劣，銀彈投往正確的區域才能得到成效。

08

沒掌握
電商平台優勢
新手死很快

　　投資之神巴菲特的投資心法，其一是細心觀察身邊周遭事物變化，做為投資原則之一，把市場變化當作買股選股的參考。不過這一套，可以用在電商的新手賣家身上嗎？也就是說，觀察身邊的朋友使用哪種電商交易平台，是 PChome、momo、蝦皮，還是自有品牌網站配合綠界等第三方支付，究竟孰優孰劣？

曝光度、便利性是電商平台優勢

從客觀的角度來看，台灣地區不過 2 千 3 百多萬人口，比那些電商發達的中國大陸、美國的規模小好幾倍。也就是說台灣的經濟模式屬於淺碟型，除了很容易受到外界的影響，而且市場變動劇烈。如果想要把中國、美國電商發展的那套照原樣搬進台灣，有可能一敗塗地。淺碟經濟中要在網路上推廣商品或品牌經營，特別要注意的有 2 點，第一是網路曝光度，第二通路便利性。

這裡借用中國大陸的數據，奧美中國曾調查互聯網環境消費者行為，發現買家每周平均使用社群網路時間是 8 小時，觀看視頻的時間是 9 小時，看網路購物大約只有 2 小時。所以許多電商專家都建議，成立自有品牌網站不是唯一，如何運用電商平台的行銷效果，在商品洪流中一枝獨秀，加深買家的第一時間印象，才是至關重要。

除了網紅、名人之外，網路行銷費用對許多人來說相當昂貴，所以新手賣家可以同時布局電商平台與自有品牌網站，但以電商平台優先。取得知名度後培養忠實顧客，引導到自有品牌網站，才能賺多少都不用被平台抽％。如果一開始就打算只架設品牌網站，可能虧很快也死很快，徒然浪費資金。若是只倚靠電商平台，在促銷、周年慶等等活動都要支付費用，加上成交抽成，對新手很難說能賺到錢。

曾有新手電商說，做生意一定是由小到大，電商平台是他試水溫、練功的地方，等到他對商品、顧客、品牌有相當的掌握度之後，架設自有品牌網站的需求會自動出現。

大手筆行銷帶來人氣流量

電商平台確實可以幫助賣家簡化選擇，並且帶來明顯的人氣流量優勢。首創全台保證 24 小時到貨的「PChome」、評價推薦 NO.1 的「Yahoo」、曾經掀起台灣電商平台海嘯巨浪的「蝦皮」、號稱電商通路平台之王「momo」都是選擇之一。

比方說 PChome、momo 等等這些電商平台，都是大型購物網站，除了一般的賣家來此開店，他們也會邀請大廠商的優勢商品來上架；同時燒錢做廣告、做行銷，吸引買家來購物。之前的大陸電商蝦皮要進入台灣市場，以「免運」（免運費）手法拉會員，引起電商間免運補貼大戰。蝦皮光是 2018 年第 3 季，單季行銷費用就高達新台幣 54.09 億，而 2018 年 1 月至 9 月累計行銷費用也達 149.26 億元之譜。這樣的大手筆行銷雖然是特例，但是也看得出來在競爭激烈的台灣，搞行銷、找會員、拉流量……要花的金錢相當可觀。

假如一個賣水果的小型攤商想要轉型電商，他早上在傳統市場賣水果，下午到各公司行號推廣團購，回家接著經營 FB 社群媒體，或是自架品牌網站，多點經營、分散風險。但是問題來了，除了傳統市場會有人潮經過，其他經營方式如何招攬人氣呢？善用各種類型大小的電商平台是必要的過程，即使需要付費。

年費、抽成、廣告費　平台收費知多少？

　　行銷費用這麼大，電商平台也需要穩定的獲利，賣家一般要支付「年費」、「成交抽成」、「廣告費用贊助」、「上架費」、等。每個電商品牌的收費標準都不同，而同一個品牌的旗下的不同平台收費項目、金額也不同。

台灣知名電商平台

PChome	PChome 24h 購物中心（入倉）	https://24h.pchome.com.tw/index/
	PChome 購物中心	https://mall.pchome.com.tw/index/
	PChome 商店街	http://www.pcstore.com.tw/
	PChome 商店街 - 個人賣場	https://seller.pcstore.com.tw/
momo	momo 購物網（入倉）	https://www.momoshop.com.tw/
	momo 摩天商城	https://www.momomall.com.tw/
shopee	蝦皮 24 小時（入倉）	https://shopee.tw/shopee24h
	蝦皮購物	https://shopee.tw/
	蝦皮商城	https://shopee.tw/mall
Yahoo	Yahoo 奇摩購物中心	https://tw.buy.yahoo.com/
	Yahoo 超級商城	https://tw.mall.yahoo.com/
	Yahoo 奇摩拍賣	https://tw.bid.yahoo.com/

其他	森森購物網	http://www.u-mall.com.tw/
	udn 買東西	https://shopping.udn.com/
	樂天市場	https://www.rakuten.com.tw/
	露天拍賣	https://www.ruten.com.tw/
	博客來	http://www.books.com.tw/
	Pinkoi 品設計	https://www.pinkoi.com/
	生活市集	https://www.buy123.com.tw/

　　以下所提到的各項費用，並不是所有的電商平台都收；有的只收其中一項，有的收比這裡提到的更多，但總是收費多的促銷活動也多，流量、曝光機率也大，但是不是對賣家的銷售成績有幫助？不是絕對相關，市場總是有變數的。

a.「年費＋開辦費」

　　大型電商平台的年費通常在新台幣數千元至數萬元不等，依據平台不同而有不同的收費。如果想知道年費裡面包含什麼服務？可以去電商平台的招商說明會打聽，業務會向賣家說明，但也會推銷多年期合約，若覺得可以接受，還能直接在說明會上繳費加入，幸好說明會本身通常都是不用錢的。另外對於第一次加入的廠商，大型電商平台在年費之外要再加上「開辦費」，只收取一次。

　　沒有營業登記的個人賣家，只能加入拍賣平台及部分購物網站，這些通常沒有開辦費、年費。

b.「成交抽成」

　　成交抽成的正式名稱有很多種說法，比如交易服務費、成交手續費等，但對一般人認知的就是抽成、抽％；依不同平台「抽％」相差極大。其實從商品價格大概就能推算出「抽％」的多寡，例如拍賣網的東西最便宜，抽成大約是 3% 以內；24 小時到貨的商品最貴，像是報稅用的晶片卡刷卡機，在 24 小時到貨的平台會看到比拍賣網多 1 至 2 倍價格，因為它抽％高達商品價格的一半。

　　但是抽％多的平台也能看出電商的行銷力道，拍賣網幾乎沒有行銷活動，而 24 小時到貨的平台會在捷運上、網路上打廣告，不只有周年慶，還可能有信用卡滿額禮、滿千送百活動，基本上跟百貨公司差不了多少。所以賣家想要人氣流量多，也想賺得多，要怎麼選擇呢？

c.「廣告贊助」

　　有的電商平台要做大型廣告或年度行銷活動，例如配合全站的雙 11、周年慶、母親節、衣物服飾換季等，行銷活動會向賣家收取一定％的費用。其實有在大賣場、百貨公司開過專櫃的賣家一定很熟悉這種收費方式，收取固定％之後，還會有業務來問要不要強勢曝光？出最多錢的就放最明顯的廣告欄位。有電商平台允許賣家拒絕贊助，不過人氣流量自然不會導到拒絕贊助者的頁面上，賣家也只能摸摸鼻子認了。

要選哪個電商平台？不只考慮抽成

如果不知道剛開始要上什麼電商平台，一般人的想法就是找最大的，也有考慮平台屬性的；以下舉例介紹，賣家也可依照自己商品的特性來尋找平台。

目前號稱台灣最大的是「momo 購物網」。不過「momo 購物網」對廠商的規模有要求，小型賣家可能先去「momo 摩天商城」試一試。而 momo 原本是電視購物頻道，商品強項是女性商品、保養、彩妝，因為促銷活動多以女性思考為出發點，不僅女性買家為多，黏著度也佳。

PChome Online 顧名思義就是電腦類、3C、男性商品為強項，3C 的各大品牌幾乎都到 PChome 上架。樂天市場一向以食品、生活用品為大宗，它的促銷活動與日本購物網站類似，以折價券為主。

經營 C2C 的小型賣家一般選擇露天拍賣、蝦皮、yahoo 奇摩拍賣等，這些電商平台因為架上的產品非常便宜，吸引到的流量也不少。可以上架二手商品、全新商品、部分種類的服務等，但是如果想從外部引流量，賣家必須自己在其他網站、社群下廣告。拍賣類電商平台適合小型賣家測試風向、做練習，就算失敗也賠得不多，但也賺得較少。

銷量高可獲電商平台邀請入倉

電商平台對於大品牌的 B2C 電商，會投資建立倉儲中心請廠商

入倉，主打「24 小時到貨」的服務。PChome 24 小時、momo 購物、Yahoo 奇摩購物中心的快速到貨，都屬於這一類。前面有提到過，24 小時到貨的平台抽成最多，原因除了電商平台上有大品牌商品及優惠的促銷活動，還有數億元的倉庫、廠房投資，電商平台花了錢投資，總是要回收的。雖然「入倉」的人氣流量最好，不過賣家如果是小公司，小品牌，就不容易進去；先在其他平台練練功，往後等級提升，就有業務抱著企畫書來邀請入倉了。

　　入倉這件事讓物流加速並統一化，有助於提升消費者的服務體驗。但對中小型電商來說，在活動檔期把備貨量拉高並放在倉庫中，可能會造成一些問題；轉換思維，在倉庫裡的不是商品，而是一疊疊的現金！如果口袋不夠深，或現金流、企業規模還不夠的中小型電商，要注意入倉造成的營運壓力。

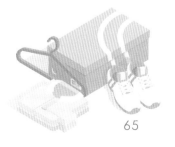

09

平台與自建官網
的先後與取捨

「有了電商平台幫忙引流量，為什麼還是有
這麼多中小型電商想要經營自有品牌網站？有了
自有品牌網站，賣家在經營上會擁有哪些優勢？」

自架品牌網站的優勢在哪？

原本以 FB、IG、LINE 等社群媒體為銷售管道的團媽、直播主，也想要架設自有網站，打造更高端的購物體驗，擴大消費族群，增加銷售品項，甚至拉高毛利，但是除了賺更多錢，「架設自有品牌網站的經營優勢在哪？」

其他篇章中，我們已經說明布局電商平台與自有品牌網站二者兼顧，一方面運用電商平台的行銷效果，取得知名度再經營自有品牌網站，是一種先練功再出師的概念。才能賺多少都不用被平台抽％，還能培養自己的會員大數據，做自己的行銷活動。但是除了這些以外，有些更深層的經營優勢，新手電商不可不知。

新手電商在 PChome、Yahoo、蝦皮等大型電商平台上開店，的確可在短期間內達到「曝光」、「流量」、「訂單」3 個網路電商最優先要達到的期初目標，如果運氣好，也能賺到不少錢。但是電商平台要拿走成交金額的 20% 至 30%，甚至 40%，而且賣家拿到的「客戶名單」，說穿了也不過是簡單的出貨單據。因為那些客戶都是電商平台的會員，也是平台賺錢最核心、最重要的關鍵，這些會員資料電商平台自然要好好保護。

電商平台上流血殺價為了什麼？

意思是什麼呢？就是賣家以為只有成交金額被抽％，實際上「曝光」、「流量」、「訂單」都被電商平台抽％了。電商平

台之所以能在電商聚落中呼風喚雨，就是因為擁有大量會員；「曝光」、「流量」、「訂單」的數字再好，都是平台的忠實客戶，大部分的回購也是回到平台上，而不是賣家的商店。而賣家在平台上用價格跟人「拚刺刀」，近身肉搏殺得你死我活，原本是為了「曝光」、「流量」、「訂單」，但是流血流汗肥了誰？

所以想成為百萬電商，中小型電商甚至個人電商，都應該以電商平台為輔助，把主力放在自有品牌網站。電商平台的功能全面、經營很方便，但新手電商如果能利用自有品牌網站的經營優勢，就能創造更深廣的運營空間，為將來變身百萬電商鋪路。

建立百萬電商自有品牌網站 9 要件

1. 前台	App 或網站
2. 引流	引導人氣流量
3. 金流	建立多元下單、付款機制
4. 物流	物流與逆物流並重
5. 電子發票	節省大量時間、人力
6. 資訊安全健檢	確保客戶消費意願
7. 會員系統	創造回購
8. 大數據	會員與銷售分析
9. 行銷	商品活動、折扣與廣告

成為百萬電商 9 要件

新手電商想要跨入百萬電商，並不是只靠金流就可以決定的，或說並不是選擇銀行、第三方支付等等就能決定，但是正確的選擇能為資金有限的新手節省最大筆的成本。想經營長久，業績倍增？必須先考慮幾個要件：

1. 前台

電商的第一個要件就是前台，前台是賣家專屬的 App 或者是網站，如果財力雄厚的電商，通常會 App、網站兩者同時建立。而最便宜的方法，就是使用第三方支付提供的購物車，通常是最便宜，收費最低廉的方式，幾乎沒有成本。

新手電商一定會發現網路上有非常多開店平台的廣告，廣告價格如果相當實惠，通常開店平台推薦的是串接第三方支付，雖然並非最便宜的方法，對於預算有限的賣家，是可以考慮開店平台。如果電商的營業金額到達一定的等級，可以選擇網頁設計公司，進行客製化的設計。

2. 引流

新手電商初期想要引流至網站或 App，可利用大型電商平台，這也是最簡單、最快速的方法。在台灣做電商，這幾乎已經成為一種共識，蝦皮、Yahoo、PChome、momo

等等電商平台上面的活動，如周年慶、年中慶、光棍節、免運費等等活動都能吸引到相當多人氣，賣家可不能錯過。

雖然電商平台必須支付相當高的抽%，但我們把它視為引流到自己官方網站的費用。待創造出流量之時，讓客人回購並招收會員，才能引流回到自有品牌網站。

怎麼做呢？某服裝、美妝電商，曾使用這樣的方式，先在電商平台上建立商店，銷售時會在商品中放入優惠券或者是回購的折價券，並限定在品牌網站上，藉此將人氣流量引導回自己的網站。

至於財力較雄厚的電商當然也可以在 Google、臉書下廣告，但是台灣的廣告流量紅利早已不復從前；所謂的廣告流量紅利，是廣告得到的效益超過廣告的成本，例如一檔折價商品下 5 萬元的廣告，該檔商品利潤為 30 萬，紅利可粗估為 25 萬以內。像是早期臉書下廣告非常有效果，但是隨著人們對於臉書使用習慣逐漸改變（資訊碎片化），還有臉書本身對於廣告的參數調整，使得做廣告已經很難得到理想的紅利。

最快速的方法就是在大型電商平台上引流，並在自己的網站上進行銷售回購的活動，既可避免被電商平台抽%，也可建立自己的流量。

3. 金流

金流可說是多元的付款通道，提供買家下單與付款的便利性。幾乎所有中小型電商都選擇了第三方支付，而第三方支付中最常見

的，則是綠界科技，其市占率最高達七成，而不是銀行。這是因為第三方支付的審查較鬆，而收費又便宜的緣故，而綠界科技可謂是其中霸主，不僅市佔率高，金流方式也最多元。

第三方支付最大的 3 間「紅藍綠」──綠界、藍新及紅陽，其中 90% 的開店平台與網站設計公司都已經介接過綠界科技，因其在開業之初，已經花了許多時間與資源，把這些開店平台與網站設計公司網羅在系統內。後來綠界的系統愈做愈好，簽約的收單行愈來愈多，許多客戶反過來指名（逆指名）綠界的系統。

賣家如果跟開店平台說，想用藍新、紅陽，或是銀行的金流，許多廠商都會直接回答：「沒接過。」沒有介接過會有什麼樣的問題呢？可能會請賣家去找別的開店平台或是網站設計公司。例如某開店平台以最快最便宜著稱，要在這間開店平台上使用其他金流，就不會快又便宜。另外，收費會比較高，因為已經介接過綠界的系統，金流工程師不用再花時間；但要他們改變去介接其他系統，則可能另外收費。

而已經介接過的金流，只要輸入商店代號、金鑰，就能上線。如果介接別的系統，收費可能會再增加 30 萬！因為要重新請工程師來寫程式，而且介接要花費非常長的時間，少則 2 周多的花上 2、3 個月都不無可能。

4. 物流

買家下單之後，當然要有物流送貨，這是常識。但新手

電商可能不曉得，目前物流最強勢的便利商店通路，如果想自己找便利商店母公司介接，通常規模不夠大是不會理人的；就算雙方都有願意，串接也要半年以上。

第三方支付中最具規模的綠界科技，能提供的物流有 7-ELEVEN、FamilyMart、萊爾富 Hi-Life、OK 便利商店，快遞也有黑貓宅急便、大嘴鳥宅配通等。這麼多種的物流卻只要一次 API 介接完成，這也是綠界科技的強項。曾經有開店平台抱怨，在綠界科技還沒有出現前，他們介接金流、物流可以跟客戶收取數十萬的費用，但是自從有了綠界之後，就再也不可能了。

5. 電子發票

新手賣家常常在剛開始經營時，選擇蝦皮或露天拍賣進行個人式的銷售，既不用繳稅也不用開發票，但是要注意，一旦牽涉到以營利為目的，且銷售額在 8 萬元以上，就要開始課稅，超過 20 萬就要核定使用統一發票。

在業績還沒有起來之前，一天 10、20 張的發票以一個人的能力還可以應付。當業績愈來愈好，或成為百萬電商後，可能一天就要開上百、上千張發票，如果請財務人員開發票？可能會耗去一整天，請一個專業人員整天都在負責按收銀機打發票，恐怕非常沒有效率。而且這還牽扯到退貨折讓的問題，尤其是在部分退貨率高的網路商品，由第三方支付的系統來幫忙開電子發票，並且與國稅局直接連線，可以省下非常多的人力。

6. 資訊安全健檢

　　資安問題會發生在稍具規模的網路賣家網站上，因為規模愈大、網站裡的個資愈多，就會吸引到駭客，或是人員惡意入侵。資安健檢顧名思義就是網站的健康檢查，為什麼要做健康檢查？網站生病就是被駭客入侵，或是客人個資外洩，包含會員卡號、訂單等會員系統裡面的資訊。

　　我們常聽到的電話詐騙，就是個資外洩的具體情節。買家在某一電商網站上購物，明日就有人打電話來，說要更改分期等詐騙術語，而且一而再再而三發生，此時就要考慮資訊安全有了漏洞。而第三方支付中的綠界科技，對於資安健檢則相當重視，甚至是資安中的領頭羊。

7. 會員系統、8. 大數據、9. 行銷

　　會員系統、大數據及行銷，可以視為一套作用與回饋的系統。想要成為百萬電商一定要能創造回購，也就是要擁有自己的會員系統，如果做引流吸引來的買家都是只有消費第一次而不會再回購？這樣永遠無法成為百萬電商。

　　會員系統的建立可透過開店平台或是網站設計公司，針對會員系統、銷售資料進行數據分析，數據可由第三方支付的系統中取得。經過顧問公司進行分析，了解客戶購買習慣及喜好，再提供給賣家，做廣告策略以及商品行銷等折扣活動。

CHAPTER 3
人在家中坐
錢從金流來

10

除了開店零售
金流的其他應用

　　自第三方支付業者成立以來，台灣正式進入
全民電商時代，線上交易的廣泛使用已經超乎想
像。實況主斗內（打賞）用信用卡或線上支付，
館長賣Ｔ恤可以用信用卡、WebATM、超商代碼
付款，募資平台可以刷信用卡等等，不過除了金
流種類之外，第三方支付還有什麼意想不到的應
用嗎？

　　意想不到的第三方支付金流服務
　　1. 信用卡定期定額扣款
　　2. 信用卡不定期不定額扣款
　　3. 綁卡機制
　　4. 電銷轉線上交易
　　5. 轉線下交易租借刷卡機
　　6. 簡訊廣告結合第三方支付

帶來持續商機的 信用卡定期定額扣款

　　第三方支付的金流服務有很多種，信用卡線上刷卡、虛擬ATM、Web ATM、超商條碼、超商代碼、超商貨到付款、宅配貨到付款等。其中信用卡線上刷卡的服務種類最多，包含一次付清、分期付款、定期定額、紅利折抵……。多數人可能不曉得信用卡線上刷卡定期定額會用在哪裡？其實這種服務新手電商一定要知道。

　　信用卡定期定額扣款最早應用在周刊、雜誌社、報社這一類定期向買家收費、提供訂閱服務的電商。這類電商在面對買家（訂戶）的時候，可能常常遇「續訂中止」的問題。例如一次訂半年的周刊，半年時間到了，若請業務發 Email 或打電話詢問，買家很有可能會認真地思考這本周刊是否有繼續訂閱的必要？但是使用第三方支付的「信用卡定期定額扣款」之後，買家在最初訂閱，合約已設定續訂通知並綁定信用卡卡號，到期通知的流程簡化為簡單的訊息，買家點選後就能續訂，不僅提供了較好的消費體驗，也成功減少了買家的猶豫，帶來長久持續的商機。

　　另外，軟體公司也會申請信用卡定期定額扣款服務，例如防毒軟體或是企業軟體。對於軟體公司來說，它的運營成本可能不高，但是開發客源的成本很貴。而續約付款時，買家拖欠或者是退訂的機率非常的高，所以留住舊客戶就成了業績最重要的來源，續約率就是公司業績的依據。

　　例如，某款使用者人數相當高的辦公室企畫 App，遇到的問題是會員多數不記得什麼時候該繳費，也認為賣方會主動通

知。因此利用 App 傳訊息，客戶只需點開 App 付款網頁就完成繳費動作。

可預約下次業績的扣款功能

　　如果原本定期定額的電商想要作促銷活動，買 3 期的第一期要破盤價促銷，金額每期不同，收款功能要怎麼設定呢？這時要使用不定期不定額扣款的功能。

　　許多日系的健康食品進軍台灣電商，行銷手法是在社群媒體上貼廣告與連結，點進去之後是一頁式的網頁；配合手機的瀏覽一路往下滑，通常在介紹商品本身之外還會穿插使用者的感想心得、體驗文，在網頁的最後就是銷售訂單的連結。舉例來說，優惠方式採取整套 9 個月共 3 期但第一期打對折，買家在第一次刷卡成功之後，寄出第一批產品；3 個月後會直接再刷卡第二次，並寄出第二批，再 3 個月刷卡第三次，寄出第三批，每次刷卡買家都會收到刷卡成功的通知，不另外通知，也不需重填卡號、資料等等。9 個月結束後會寄一個通知，請買家點一下就能再購買 3 期，並提供其他優惠，期間買家也可隨時可以停止購買，取消訂單。

　　這類商品因為整套銷售的期間非常長，健康食品的效果也是數個月後才會顯現，所以必須提供優惠作消費誘因，最常使用的優惠方式是第一個月的產品；如此複雜的付款方式，必需要第三方支付的金流支援。而不定期不定額的特殊的支付方式，是第三方支付業者開發出來，讓電商的行銷活動更加靈活，配合特殊的優惠模式，

來取得消費者的長期購買。而使用此種支付方式的電商也表示，這等於是「預約了下一次的業績」，可以確實滿足電商的需求。

未來信用卡交易的主流　綁卡機制

　　「信用卡定期定額扣款」、「信用卡不定期不定額扣款」都有一個重要的關鍵，就是「綁卡機制」，又稱「記憶信用卡號」。目前的應用十分廣泛，我們會在行動端、PC 端、物聯網等，任何線上交易看到它。

　　業務找業績的方式，可能是拿著一大疊不確定的客戶名單，從中撈出可能簽約或續約的客戶。如果電商也是不停拿著名單進行促銷或推銷，卻沒有辦法維持會員的回購率，只會虛耗許多的成本。但是電商多了一項武器，與第三方支付合作的「綁卡機制」。如果在第一次交易時，合約上面已經對買家說明，確認綁定信用卡卡號，往後交易不用再輸入卡號；若是定期定額、不定期不定額交易，合約到期後可以用一個簡單的通知，經過買家同意，續約就會持續的付款。

　　綁定卡號的技術哪裡來呢？綁定卡號或說記憶卡號的功能，不是來自發卡銀行、收單銀行，而是第三方支付業者手中。此時第三方支付的支援程度要足夠，否則反而會限制買家交易，綁定卡號只有跟第三方支付簽約的發卡銀行能辦理，若是簽約的銀行不夠多，「綁卡機制」反成為交易的限制，綁手綁腳。目前第三方支付簽約銀行最多的，是綠界科技。

　　為何說銀行不會去開發與管理「綁卡機制」？因為銀行只進行信用卡的清算與收單，雖然綁定卡號是主流的信用卡交易方法之一，它必須把信用卡卡號儲存在一個資安管理相當健全的伺服器上面，而一般的電商並不會有這樣的設備，線下（實體）的商店更不用說。但是線下也能讓會員「綁卡」成為線上，稍後會提出說明。

　　綁定卡號的功能有一個基本上的問題，即資安的維護。綠界科技是台灣最大的第三方支付，有資安健檢的能力，儲存綁卡號的資料庫伺服器安全、容量都十分足夠。至於開店平台、網頁設計公司，主要是在銷售開店的服務，沒有處理信用卡、資安維護的能力。

　　「綁卡機制」可以說是未來，線上交易時信用卡的主流，在大數據時代，綁定信用卡的資料庫或許可以提供預測大眾的消費行為，尤其在一些需要付月費或年費服務的賣家，協助他們維持會員的續訂及續購。

大量降低傳統交易成本的　電銷轉線上交易

　　線下交易也能讓會員「綁卡」成為線上會員、按期刷卡付費；傳統店家想把以往習慣面對面的買家，轉換場景變成網路交易，可以省下大筆交易成本。要如何做到？這類情況最常出現在電話銷售，或是曾經在電視上購物的買家。

　　以往業務做電銷，多是先購買一份電話名單，「亂槍打鳥」隨機打電話，藉此達到銷售的目的。當時電訪的銷售員會把產品功能敘述的十分神奇，但是因為沒辦法在電話上銀貨兩訖，因此造成許

多交易糾紛。隨著人口老化，固定電話的拜訪以老年人為多；若是打手機，通訊費大幅增加墊高了交易成本。所以電銷的公司都會想要提高單筆交易的金額，並導入第三方支付，利用智慧型手機可用簡訊連上網頁的特性，約定線上交易。

例如某老人的營養補給品、嬰兒奶粉的廠商，就使用電銷轉線上的模式，先電銷確認買家同意購買產品，接著傳訊息給買家，點進去後就是銷售頁面，頁面中可以提供更多的商品訊息、長期購買優惠等；並連結定期定額的銷售金流，這些都是第三方支付提供的功能。

賣家針對的客戶族群是不熟悉網路的老人，及時間很匆忙的家庭主婦，他們不需要到網站上去填詳細的資料，或者是訂貨單，只需要一個按鈕就可以完成所有訂購的手續。如果沒有信用卡可供「綁卡」，依然可以結合宅配貨到付款、便利超商取貨付款，正好這些族群喜好直接使用現金，這種方法對他們來講是最習慣的採購模式。

另外，電視購物也應用類似的模式，例如買家在電視購物頻道購買醫美的電波拉皮，產品的效果大概可以維持 2 至 3 年，2 年後買家就可能接到電話來促銷最新的方案。如果買家同意再度採購，賣家就會在電話中確認刷卡交易。此時賣家手上早已將眾多買家的之前的刷卡資料，以 Excel 的表格的方式匯入第三方支付的系統之中，只要買賣雙方同意就可以進行信用卡的授權。

在電商蓬勃發展的時代，把既有客戶資料進行最完整的運用，才能降低行銷成本、提高業績。以往主打電視、電台、雜

誌等傳統媒體廣告，預算動輒上千萬，廣告只有 20 秒；現在利用第三方支付的支付功能，與網路銷售的環節相結合，就能縮短交易時間，提高銷售金額。

突遇線下交易機會？租借刷卡機

如果電商突然遇到參展、市集等線下實際交易的機會，要如何應對呢？一般電商只能改用現金交易，或是在展覽會場請人線上刷卡，但帶給買家的交易體驗遠不如立刻刷卡來得優質。現在第三方支付之中的綠界科技，可協助會員線下交易的服務，當會員有需要就能提供刷卡機。

刷卡機是由綠界科技向銀行租用，再轉租給電商，而且審核速度快，一般銀行申請刷卡機後，可能需要數周才能開通。如果我們是綠界科技的客戶，提出需求後，隔天就可以租借到刷卡機。目前市面上唯一刷卡機可以零租、緊急租的第三方支付，只有綠界科技。

增加廣告的閱覽率　簡訊廣告結合第三方支付

談起簡訊廣告，我們會覺得這是一種過時的銷售工具，而大部分的人把溝通的重心，已經移到 LINE、臉書等社群媒體。其實透過簡訊來針對傳統社群銷售、推播時，觸及率反而提高，因為社群媒體過於大量的訊息，廣告資訊會淹沒在訊息的洪流之中，容易讓人忽略，或對廣告產生厭惡感。相較起來，很少收到簡訊的人，在收

到簡訊時會反而會閱讀，即使是垃圾訊息。

簡訊廣告中可附上網頁連結或短址付款連結，而連結由第三方支付來提供，至於是刷卡、轉帳、超商代碼等，則由賣家來選擇所需要的金流，第三方支付配合提供多介面的付款連結。第三方支付業者提供的連結不只能線上付款，還能相容 fb、LINE、簡訊等，讓廣告訊息藉網路有效擴散。

不過不是所有的業種都適合用簡訊廣告推播，因為簡訊的資訊量非常少，需要買家點擊連結上網站看廣告再線上付款，或是需要回填資料，並不是很直觀。也恰好某些商品適合，這一類型給消費者思考時間的支付模式。

最常見的例子，電信公司常會用簡訊發送降費率的優惠活動，廣告內容提供專屬優惠的資費方案並限時 2 天內回覆，而且連結轉發給他人就無效，買家點選連結填資料同意後就能享受優惠。又如某進口吸塵器的會員，可能會收到商品從 NT$19800 降價到 15800 的優惠活動，只限會員但是需要回到會員系統登記。因為簡訊廣告可針對買家客製化優惠，相當適合經營會員的回購，是舊時代工具結合第三方支付後的創新發揮。

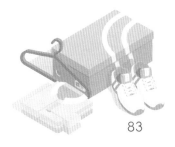

11

我的商品
適合哪種金流？

　　「我的商品適合哪種金流？」大多數新手電商，無論是自架品牌網站，或是請開店平台幫忙架設，都會去尋找金流，而選擇金流就要看電商的規模與商品的特性。例如團媽喜歡用 ATM 轉帳，預購 3C 要用信用卡。雖然說選擇金流要看電商的特性，卻並非表面上的簡單直觀，這些第三方支付的功能（能耐）與適用哪些商品，可以說是前人的失敗血淚。

商品瞬間爆量？你要找綠界科技

我們應該都買過火車票，沒買過也聽說過台鐵，卻鮮少有人知道台鐵也曾經使用過第三方支付——綠界科技。綠界科技是第三方支付之中的領頭羊，這樣的領先不只表現在市佔率上，也表現在服務的能耐上。台鐵每逢過年過節連續假期，一票難求早就不是新聞，只要連續假期開放訂票，就會發生電話打爆、網路塞車的現象，如果沒有善於應對的金流工程師，訂票網站肯定會被流量所癱瘓。不是每一個第三方支付都能扛得起這種流量，這也是早年台鐵購票系統選擇使用綠界科技的原因——它扛得起。

臉書直播的紅人之一「館長」在臉書直播賣 T 恤、帽子、帽 T，這樣的銷售需要流量嗎？答案是肯定的，館長直播 1 小時交易量可以到達 1 萬筆，所以他也選擇綠界科技。

我們應該都有搶購的經驗，從演唱會門票到限量發售的鞋子，這些熱門商品通常一開賣就銷售一空。這類商品我們點入搶購時會出現「暫時無法登入」、「系統壅塞」等訊息，但這些都不是網站癱瘓當機，只是流量瞬間爆量造成的延誤，早先登入的買家依然能點選購買商品。若是買家的電腦出現「找不到網站」、手機發生訂購 App 閃退，此時是伺服器癱瘓當機，修復完畢都是 5、6 個小時以後的事，賣家沒賣出商品，也沒有買家買到，變成買賣雙輸。

當賣家辛苦策畫行銷活動，甚至投入大筆廣告預算、不顧成本以流血價銷售，結果不是業績一躍而起，而是發生網站癱瘓當機？或許還有數百筆的網路惡評！對於賣家而言，損失的不只

是廣告預算，還有商譽及客戶忠誠度，事後還要上社群網站道歉、搞危機處理，所以選擇金流，真的不簡單也不直觀。

自製商品、文創小物　解決不能接大單的問題

　　會設計美美小物的學生，或是製作手工藝品的原住民，又或是地方媽媽自製美味泡菜，他們若是想要販售自己所製作的商品，第一個等待解決的問題是缺乏通路，以往的做法可能是到文創市集擺攤或者是要找手工藝品店寄賣。到了全民電商的時代，他們可能在露天、蝦皮或是其他電商平台上面放個人商店。因為是個人製作的商品，講求的是量少質精，這樣的金流選擇不用花太多成本，似乎是正確的？

　　如果有一天賣家的業績愈做愈好，出現國外的廠商想大量進貨，或者想接受婚禮小物的訂購，成千上百的訂單湧入，賣家臉上卻不是笑容。曾經有國外旅館業者來台看到藝術家製作的椅子，感覺十分符合自己旅館的風格，想要下訂數千把，藝術家也想接單，最後卻不了了之，原因就出在金流，因為電商平台的個人商店只能簡單的收付款。這一類的商品成本高利潤微薄，在買家沒有 100% 確認將來會付款的情況下，賣家不敢貿然生產。

　　這時候賣家就需要第三方支付的各種金流，來幫助他的業績成長，因為第三方支付的特色就是為了解決「契約無法達成同時履行」且「缺乏信任基礎」的買賣而設計，賣家可利用多種支付工具，來確認交易的履行，並在訂單完成後收到全額款項。

新手電商、小型電商在Y拍或是蝦皮受到的競爭非常激烈的，沒接觸過的人難以想像；很有可能一個很有競爭力、品質很好的商品也會被踢出市場。因為每次來商店瀏覽的人是同一批，或說流量的族群是相似的，商品必須投其所好，而賣家的商品或銷售方式不一定適合。只有透過第三方支付幫助賣家在自有品牌網站上發展金流、資訊流，拉回購率；電商只要用滑鼠點一點，就能把所有第三方支付的金流功能整合進自己的網站裡，包括賣家現有的需求，以及未來的需求。

無論是個人式的電商，或是未來生意愈做愈大，還要接國外來的訂單，都可以交由第三方支付處理；若是達到每個月數十萬、上百萬的業績，還會有第三方支付的人派業務來談更低的手續費。有許多電商即使業績做到上億的還是維持與第三方支付業者合作，因為金流服務做得好才是最重要；介接 API 行不行，資訊安全搞不定，一通電話就會有第三方支付的工程師來幫忙，不過前提當然是業績要夠高囉。

協助小農創新　偏遠地區找不到金流

「台灣這麼小，電商又是靠網路的，還會有偏遠地區的問題嗎？」當然有，例如南投的小農要銷售茶葉，不過是一罐茶，品項簡單卻能搞得很複雜。首先是這位小農想要找銀行做金流，第一關就是找不到服務的銀行，第二關好不容易審核過關，找工程師介接程式耗去要 2、3 周時間，還沒測試過關，春茶的季節都過

去了，而春茶屬於茶葉中價格較高的，也最好賣的。

　　別問他們為什麼不直接上網找第三方支付，這些賣家只是很直覺地找自己往來的銀行問金融問題，根本沒想那麼多。許多銀行在偏遠地區沒有布點，若是硬要找，許多網路收單服務做得好的銀行，在當地根本沒有分行，或是有分行沒有網單服務，賣家必須打電話到台北詢問資訊，或是來回南北跑許多趟才能搞定。曾有民宿業者只想簡單的上網收住宿客的訂單，卻沒辦法找到銀行服務的窗口，業務內容也必須向台北總行詢問，時間上的延誤錯失了住宿旺季。雖然「網路無國界」，但地域還是成為一個很高的門檻，而第三方支付可協助小農創新，打破空間的限制。

　　銀行主要承作的是貸款、融資、儲蓄、信用卡等金融業務，網路收單金流對他們來說業績比例很小。對某些銀行來說，網路收單是純粹服務客戶，不是收入主要來源，銀行不會挹注太多的資源到網路客戶上。

12

「非實體商品」？ 規則大不同

　　談起非實體商品，我們第一個想到的可能是「虛擬商品」，其實「非實體商品」還包含很大的範疇，例如生活上的服務、滿足人們娛樂的需求等。至於什麼是虛擬商品？這是很模糊的概念，較為廣泛接受的說法是指網路產品，如網路遊戲、數位產品及數位服務，並且可以透過網路傳輸、配送。不過「虛擬商品」是客觀存在的，可以真實影響現實的生活，而非完全虛擬。

第三方支付在非實體商品的金流應用

1. 課程型的服務商品

2. 對線上實況、直播打賞

3. 捐款、政治獻金

4. 遊戲點數

5. 知識產業

6. 軟體授權費與付費影音平台

7. 訂位平台

課程型的服務商品

目前在第三方支付中最大宗、最普羅大眾的「非實體商品」，是課程型的服務商品，這一類的賣家以「課程時數」來推廣行銷活動。例如語言補習班、美容課程等，為何需求第三方支付的服務呢？因為在行銷活動中，配合第三方支付多元的金流服務更能在短時間內獲得最大效益。

課程型的服務商品範圍廣闊，包含美容產業、線上學習、生活體驗、健身運動等四大類，這些服務通常都以課程的模式來銷售。

美容產業中包含美容、美髮、美甲、美睫等，這一類的產業與第三方支付結合後，銷售十分有競爭力。例如護膚體驗中，賣家將提供一個完整的保養流程時數，也稱為給課程時數，提供給想變美的買家。

線上學習的課程目前在網路上大行其道，賣家在網路上提供語言學習影片，或者老師即時的面對面互動。例如TutorABC、ㄨ迪生科技等，包含一般會話、商業英語、商業書信等；現在買家無論想學習哪一種，幾乎都能在網路上找到對應的課程。

第三類生活體驗的課程，例如料理烘焙、親子成長課程、藝術學習及旅遊類等等，例如到聖誕節、母親節，花藝教室提供單一次的花藝課程。旅遊類並非是一般旅行社，而是如KKday、KLOOK等規畫的，自由行中買家採購的短期旅程，這一類的旅遊活動把城市旅遊切分成數個獨立景點，消費者可以分開採購自己想要的景點。例如曼谷水上市場一日遊、京都世界遺產一日遊等等。與一般團體行程最大的不同，這一類的課程通常是1天以內、甚至只有數小時。

最後一種是健身運動產業，這一類的非實體產品第三方支付通常不會承作，因為這一類的產業風險較大，而且發卡銀行也不會給予支付。原因起於 2007 年的亞力山大倒閉事件，後來 2016 年又有邱素貞瑜伽天地倒閉事件，使健身產業成為銀行眼中風險相當大的行業。

我們以「課程型服務商品」來分析第三分支付的承作意願，第三方支付會考量業種與課程時間；如果是單次課程，或者是在相當短的時間內完成的課程，通常願意承作。而健身房的 1 或 2 年期課程契約，可能會被大多數第三方支付排除。但在未來，可能因為時空環境或是消費型態改變，第三方支付會願意承作，這一類的賣家需要仔細注意產業動態。

銷售課程的賣家，若不曉得自己所屬的產業別是否可以獲得第三方支付承作，可自行打電話至客服專線詢問，獲得到更滿意的答案。

打賞

也有人叫「斗內」，出自英文 donate 是贊助、捐獻的意思，打賞的功能剛開始出現在線上遊戲的實況主上，後期愈來愈多所謂的影音直播主提供即時連線的娛樂，也使用打賞的功能。直播主提供的線上服務，如娛樂、歌唱、演講等表演，螢幕前的觀賞者要是喜愛直播主的表演內容或者是提供的視訊，為了表現出他的喜好、支持，給予實質金錢的贊助。

第三方支付為了服務打賞的買家，會讓實況主、

直播主登記審核通過以後，提供打賞的付款連結。打賞的付款連結與一般銷售實體商品的連結不同，如果是實體商品的購買連結，其中的價格由賣家設定，而數量交由買家決定；打賞的連結相反，不會設定價格，而且金額欄位自由填寫。其中打賞的金額有其上限，打賞總額與單筆金額都有限制，而限制多少端看當初申請的時候，核准的情況而定。當買家在打賞頁面填入金額、卡號，點選送出後，打賞就會透過第三方支付的金流，送到實況主、直播主在綠界的信託帳戶，與一般電商的金流是相同的路徑。

捐款

第三方支付也會與慈善團體、公益團體、政治團體、政治人物合作，提供各種捐款的方法，與打賞有些相似，但是應用到的功能更複雜。以慈善義舉聞名的慈濟功德會也與第三方支付的綠界科技合作，慈濟使用綠界的原因，是使用機制上需要很多客製化服務，例如使用特殊的定期定額扣款服務、承受高流量的系統、海外信用卡捐款等。因為捐款的量極大，其他第三方支付業者可能立刻當機；而客製化扣款服務，更是綠界科技的強項。

捐款大致分為一次性捐款跟定期定額捐款；定期定額捐款是慈善團體、公益團體的主要固定收入，捐款人認同團體的理念，經過捐款人同意後，按月從信用卡中扣款。

一次性捐款的目標可能是因為某個新聞事件、突發事件，所以流量會暴增。比如發生災情很嚴重的大地震，通常公益團體會很快

速推出一個網頁來募款;也可能因某個重大社會議題而募資或是募款,我們可以視為一種「事件行銷」。

　　2014 年發起的冰桶挑戰(Ice Bucket Challenge)就是最佳例證之一,募款的公益組織透過策畫社群活動,來達到募款的目的。不過有這樣的網路社群活動,也要有第三方支付的配套合作,當時的漸凍人協會選擇與綠界科技合作,利用拍攝自己淋冰桶的影片,並指定 3 位朋友做同樣的事,或者捐款。當活動引起群眾回響的時候,就會有很多筆捐款在極短時間內進來。而第三方支付多元的線上支付選擇,可以有效減少捐款的遲疑,協助議題在社群快速擴散,在短時間內達到募款目標,線上活動用傳統線下支付方式,反而無助於募款。

　　對於漸凍人協會來說,面對大量捐款需要整合式的平台,需要多元捐款管理;現在利用第三方支付,捐款資料會通通整合在一個管理介面,一目了然,以往收到捐款,要先問捐款人的銀行帳號然後對帳等等程序,耗費大量人力。公益團體在很多年前就跟第三方支付相互合作,不過當時公益團體不太注重社群與網站,網路捐款的人也並不多,閘道也只有 ATM 及超商繳款,直到大型公益平台成立,才開始朝著資訊行動化的方向前進。

政治獻金

　　第三方支付的特色「審核快速」也對要在短期籌措捐款的人幫助甚多,例如政治獻金,要參選立委的政治人物從獲得黨

部提名到投票當日，可能只有短短的 3 個月，甚至更短更緊迫。候選人可以選擇用第三方支付來做為他的政治獻金、捐款的金流，並創造網路話題配合多元金流，幫助話題擴散達到快速籌措捐款的目標；而銀行沒有辦法提供快速審核，金流也不夠多元。

第三方支付對於捐款募資申請流程，會按照政府要求的相關規定，如果是非政府組織 NGO、公益組織、財團法人等，必須有政府立案的相關文件，第三方支付會進行相關確認是否屬實，候選人則會確認是否有被政黨提名。

最近幾年，台灣的非營利組織開始仿效國外自己創造新聞事件，捐款方式也愈來愈多元；募資平台讓捐款人除了捐款之外，還能獲得議題相關的商品。例如名模林志玲的個人慈善基金會，透過銷售個人月曆及愛心義賣來募款，用商品與相對應議題的包裝，可以創造更高的捐款意願。

遊戲點數

遊戲點數是標準的虛擬商品，但多數人並沒有察覺遊戲點數隱含著「預收、儲值」的概念，於是想要線上賣遊戲點數的賣家，必須先考慮到要做到「履約保證」、「信託」、「同業聯保」，3 者其中之一。

遊戲點數使用在虛擬的環境，如線上遊戲、手遊，可說是在那個環境中使用的貨幣，虛擬遊戲點數類似發行新台幣要有國庫的黃金儲備，也就是提供支付價值的保證。只要虛擬商品有預收、儲值

的概念，第三方支付會請電商去銀行做履約保證、信託、同業聯保。

何謂履約保證呢？由電商提供一筆相當數量的金額，存放在銀行作為履約的保證金。而什麼是信託？則是依照買家的購買金額，以 1：1 的方式存入銀行，也可以説電商交易遊戲點數所獲得的錢，會押在銀行裡。

假設買家在購買 1 千點後，不可能馬上就用完，為保障消費者的權益，在沒有用完這些點數之前，店家都不可以動用交易遊戲點數所獲得的金錢；買家用完點數之前，錢都不算是電商的，這就是所謂「信託」。萬一，點數還沒有使用完畢前，電商的營運出現危機甚至倒閉，買家才有可能拿回部分的點數金錢。

「同業聯保」較為不同，為了避免遊戲商營運不善，可請遊戲商的同業做保；例如 A 遊戲商倒閉，玩家可以拿點數去 B 遊戲商繼續使用，反之亦然，避免消費者損失，這種互保的方式在旅行業比較多見。

第三方支付業者提供賣家銷售遊戲點數時的金流，條件會比較特別，在申請之前電商必須做到履約保證、信託、同業聯保三者之一，提供遊戲點數使用的條款，例如遊戲點數的使用期限，給買家簽訂的買賣契約，這些都會關係到第三方支付如何撥款給電商。有的電商在銷售虛擬商品的同時也會銷售實體的商品，像是販賣虛擬人物玩偶或是品牌商品，對於第三方支付業者來説，申請條件與審核的方式仍然以虛擬商品做為最主要的審查條件。

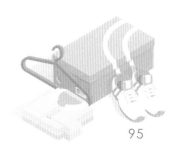

知識產業

　　許多專業領域的專家，都想要利用網路來創造薪水之外的第二份收入，選擇審核簡單、個人也能申請的第三方支付是最佳選項。

　　以往想銷售自己的專業與知識，又能兼顧正職的做法，可以自己寫稿出書，但必須花很長的時間，而且還要通過出版社選題、通路商選書等環節。想上電視、報紙、雜誌宣傳自己，只有大老闆或是在業界非常有分量的人，才能接受媒體專訪。幸好到了網路時代，人人都是自媒體，只要架設簡單的網站提供服務，再用第三方支付來收費。

　　舉例來說，某位職場顧問專家，之前在公司擔任人力資源主管，現在可以透過經營自媒體，對於求職有困擾的年輕人、轉職舉棋不定的中生代，提供專業的海外求職資訊。職場顧問可以在下班後透過網站進行一對一的面談，白天依然保有自己原本的工作，在自己的網站上約訪想要轉職的專業人士，提供知識型的服務，並藉此產生第二份收入。

　　其他類型的專業知識，例如藥師、會計師、律師，只要找對應用方式，也能讓知識有所價值。比如利用社群網路或自媒體寫文分享專業知識，並申請第三方支付，可以在市中心租借場地、開課程，透過社群網路上宣布課程的消息，收取演講費用；或是讓網路閱覽者訂閱文章，尋求定期定額的贊助來支持網站的營運。

軟體授權費與付費影音平台

軟體授權費與付費影音平台、電子書平台，因為獨特的「預約消費」付款方式，大多數都使用第三方支付業者提供「定期定額」扣款服務。例如線上音樂串流服務 KKBOX、日本的成人影片網站、韓國的動漫電子書等等。

付費影音平台一般採月費的制度，這類型影音頻道為了讓買家了解平台上的影音媒體庫非常大，沒有體驗過無法得知，所以會提供 7 天或 1 個月的免費試用。買家在入會後同意使用合約，填入信用卡卡號，同意影音平台在免費試用期過後開始收取會費。換個方法說，就是在加入會員的當時就預定好下個月開始信用卡扣款，是一個預約消費的概念。往後買家只要沒有取消會員，就會持續「定期定額」付款。

訂位平台

現在我們很習慣使用的線上餐廳訂位平台、外送 App 及訂購住宿旅館網站；多年前訂位平台服務是一項十分新創的產業，要銷售的是一項服務，而其營運模式（Business Model）十分與眾不同。因為永遠都會有兩個問題，就是先要有廠商還是先要有服務？這是一個雞生蛋、蛋生雞的問題。

餐廳訂位平台的收費模式可能是對餐廳（廠商）也有可能是對使用的買家（會員），初期用很低的收費門檻甚至於是免

費，吸引廠商來這家平台使用服務，也吸引大量買家加入成為會員。第三方支付業者在其中，代表了 2 種角色，一是協助創新產業進入電商，二是提供金流。銀行並不會與這類創新產業合作，因為這含有預購的性質，實質的交易發生在未來，而未來廠商有可能無法提供服務，而訂位平台也有可能會倒，銀行並不喜歡有風險的事。

　　訂位平台在經營一段時間之後，廠商與會員數量到達收費的規模，賣家就可以開始收費。例如餐廳訂位平台上，買家訂購飯店的牛排套餐，訂位平台談好一個固定的抽 % 比例，並將餐點的詳細內容列在訂位平台上，就能開始營利。主要是買家在網上預訂時可能會先預付一筆費用，通常就是抽 % 的成數，而廠商須提供訂購的產品金額與內容。

　　訂位平台的好處很多，可以填滿餐廳閒置時間、幫助業者控制食材採購避免資源浪費。訂位平台也能提供優惠吸引更多會員，例如 airbnb（出租民宿網站）的廠商及會員非常多，平台就能為高端會員設計更多的消費模式；VIP 客戶可以享有 VIP 專案，保證最好房型，或是免費升級，再跟高端會員收取會費。

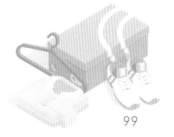

CHAPTER 4

線上金流
跟你想的
不一樣

ing

¥

CASHLESS

13

新手電商
新創產業
彎道超車密技

新 創 產 業 不 可 或 缺 的 角 色

　　線上交易由第三方支付提供履約保證，產業無論規模大小都能走入電商聚落，也因此讓新創加速器必須要靠第三方支付才能順利將創意變成商品；而目前幾乎所有的新創加速器，使用的第三方支付都是綠界科技。

　　我們以 AppWorks 為例，AppWorks 每半年招收來自世界各地富有創意的年輕人，將創意轉換成新創產業，並透過第三方支付業者來實現。新創產業的特性恰好符合第三方支付能合作的對象，例如成立之初公司幾乎都很小、銷售的商品可能是虛擬商品、大部分都是跟網路電商相關。現在許多規模非常大的產業，最初可能都是從一個人、一台筆電的新創產業開始，而第三方支付在培育新創產業上，成了不可或缺的角色。例如現在許多人熟知的餐廳訂位 App ——EZTABLE，就是使用第三方支付的協助，如今名揚海外。

　　在 3C 電商中的奇葩——486 先生，他的成功也與第三方支付有密切的關係。部落客起家的 486 先生，建立了十分有效的銷售模式，他善於利用有趣又有創意的 3C 開箱分享影片來做宣傳，進而引進優質的 3C 家電。一年營業額就有數億元；網站擁有數十萬會員，回購率驚人。以往一位籍籍無名的網路部落客，不可能取得多元的金流模式來銷售商品，但 486 先生透過觀察消費者的使用習慣，搭配第三方支付多元的付款金流工具；有了第三方支付夥伴的服務，只要有創意就能夢想成真。

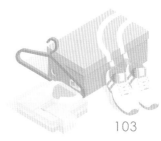

第三方支付提升產業信心

許多行業都曾遇到，空有好產品卻缺乏良好銷售管道的困難。

多年前聲名大噪的噴噴杯，是一個南投的廠商製造；當初因為製造噴噴杯的廠商跟行銷的公司發生的糾紛，因此造成了幾萬的商品堆在大陸的倉庫中。因為有綠界科技接受這件案子，提供金流額度讓噴噴杯銷售，才讓工廠起死回生。當初沒有銀行要幫助他，是擔心廠商還沒有賣完庫存就倒閉了。綠界科技為了確認廠商的還款能力，必須要派人前去工廠確認製造狀況、庫存狀況，幸好幾個月後所有的存貨就全部銷售一空，還成為當時流行的產品。

來自高雄的家具設計師打鐵仔，以做出比美變形金剛的各種桌椅櫥櫃而知名，客廳的桌子可以當工作桌，還能當臨時午睡床，擁有很多功能。但這樣的有趣的桌子採預付全額訂購，收單銀行不會接受這樣的交易方式；但一般第三方支付業者也不敢接受，最後由綠界科技提供金流協助。

就連世界麵包冠軍吳寶春，在網路上預購麵包也是由第三方支付業者提供金流。雖然吳寶春連續兩次在法國比賽奪冠，是料理界名人，但是對於銀行來說，只有符合資金規模夠大、成立時間夠長的規定才能通過審核，無論他是誰。

吳寶春的麵包、南投的噴噴杯、高雄的打鐵仔都藉由第三方支付取得成為電商的門票，雖然這些產業在成為中型電商後，使用了包含第三方支付以外更多的金流。綜合來說，台灣第三方支付協助的多個成功案例，都是從創意出發，不被傳統銀行界看好的產業，

但有了第三方支付一同打拼，這些電商才充滿未來前景。

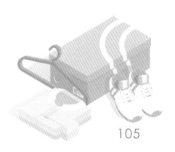

14

線上金流
跟你想的不一樣

　　新手電商面對各式各樣線上金流的選擇，如果最後選擇了開店最簡單、審核最輕鬆的第三方支付。對電商來說，可能只是選了一個網站去註冊，不過要是稍微深入，就會「李組長眉頭一皺，發覺案情並不單純」，跟你想的很不一樣。其中複雜的付款環境，多元的金流服務如現金、信用卡、轉帳等等，到底怎麼串起來的？賣家們都需要清楚了解來龍去脈，這些可都跟營運息息相關。

第三方支付的另一個名字

「第三方支付」是由有雄厚資產與商譽的機構來提供線上金流，以及相關其他服務，可說包羅萬象。而這些服務都是讓賣家成為百萬電商的關鍵。我們先對照下圖，簡述第三方支付業者的作業流程：

1. 業者提供電商支付連結，方便買家使用信用卡、WebATM 等線上支付工具。
2. 買家在網站上選購商品，放入購物車送出採購訊息。
3. 訂單確定，業者將支付訊息發給銀行，出貨通知發給電商，物流訊息發給物流。
4. 賣家將商品交給物流，派送至買家指定地點或超商門市。
5. 業者以信託帳戶代為保管價金，待交易條件達成後由信託帳戶轉帳給賣家完成交易。

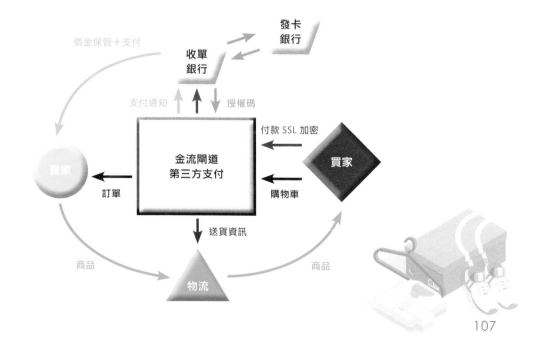

　　以上的圖表已經簡單化，實際上的作業流程更是複雜百倍，大家會發現幾乎所有的工作都是「金流閘道」在做，這裡居中整合交易資料的「金流閘道」就是一個強大的第三方支付。

　　電商只需要串接金流閘道，金流閘道會將所有資料處理完畢後會傳給各合作業者。例如信用卡授權資訊發給收單銀行，再傳給發卡銀行；而超商條碼則是將收款資訊傳給超商。

不只有金流　複雜的第三方支付功能

　　金流閘道不只有金流，還要強化本身的資安技術維持交易安全，另外，還要提供賣家對帳後台，清算、分帳、報表、發票……。賣家們現在知道銀行為何不願意承作這些繁瑣的工作，因為銀行的主要收入是大筆的企業金融服務、手續費收入，這種服務性質的工作不會給銀行帶來利潤。

　　我們可以想像，如果沒有強大完整的第三方支付的時候，架一個電商網站是什麼樣的情況呢？先要租一個金流閘道，然後買一個網域，租一個 SSL 加密，再申請收單資格，購物車模組……，昏頭轉向了嗎？最困難還沒來，此時閘道商會給賣家一個介接說明書，讓程式工程師開始工作。例如購物車，購物車目前市佔率最大的有9個，每個購物車模組都不一樣，就算是相同的購物車模組也因為版本而有不同，都要寫程式把它串起來。

　　金流有多少種，就要介接多少次，我們以目前第三方支付中功能最完整的綠界科技為例，如果所有的金流服務都自行介接，可能

超過 40、50 萬。綠界科技透過一個 API 接上後全面自動化，下參數就可以決定要做什麼動作。信用卡的 API 包含一次交易、定期定額交易、不定期不定額交易、多家分期付款交易，及信用卡紅利對抵交易。例如綠界科技提供 28 家銀行 6 至 7 種模組，28 家銀行的信用卡分期付款服務；賣家也可以自行去聯合信用卡中心申請，但必須額外向另外 28 家銀行再各個申請一次，曠日廢時。

　　曾有媒體形容電商是「網路燒錢經濟」，一整個流程下來網站完全還沒營運就已經燒掉了數十萬元。這還沒結束，網站開始營運後，再燒錢下廣告引流量。要是廣告效果不錯，公司營運愈來愈好，又想起來物流也要一起整合進系統；還有電子發票、資安問題等，沒有幾百萬資本似乎做不起來。

　　我們去購物刷信用卡，有時會遇到刷卡不過的問題，消費者換一張卡就好了。刷卡不過的情況也會在電商發生，但是在買家遇到這樣的問題怎麼辦？可能會轉換去另一個網站買，這就是信用卡缺乏「線路備援」的問題。對於「線路備援」，電商準備好了嗎？這也是第三方支付業者的支援程度問題。若是小型第三方支付業者大多只有簽約 1 間收單銀行，有時會因為銀行臨時出現狀況而造成線上無法刷卡或無法交易。目前第三方支付業者中，綠界科技有 9 間收單銀行為最多，備援情況最佳，第二名 3 間，其餘均只有 1 間。

找對電商百貨公司　功能一次購齊

　　想要簡化開店流程，降低營運複雜度，必須要找到一

間功能齊全的第三方支付。而其中的綠界科技正是如此，把所有的電商所需要的金流、物流、購物車、電子發票、資安健檢等等，多年前就已經全部整合在一起，是最強大的第三方支付，可說是一次購足電商所有功能的「電商百貨公司」。

也因為功能整合在一起，曾有熟門熟路的網路工程師能在 6 個小時內就可以利用綠界的 API 把網站與金流、物流串接起來，比較慢的也只要到一周。如果有介接問題，綠界也有業界最大的金流工程師部門，將近 1 百多人，提供新手賣家詳細的諮詢，這些都是銀行無法提供的服務。

Q & A
使用第三方支付的金流，如何在退貨後退款給買家？

只要是網路賣家，不免遇到在猶豫期內退貨的問題；如何更方便的退款？也是重要的議題。如果賣家使用第三方支付的金流服務，當買家使用信用卡消費後需要退款？以綠界科技為例，信用卡的退款可在後台的報表中點選退款，就可以輕鬆將金額退回至買家的信用卡帳戶。

而非信用卡支付的退款，例如超商條碼繳款等等，其退款較為困難，這一類金流在第三方支付後台大多沒有退款功能，因為這些金流並非線上即時付款，包含離線交易的部分，所以店家必須自己與買家聯絡，將錢匯去買家帳戶。簡而言之，除信用卡退款外，其

他種類的付款方式沒有辦法一鍵逆向退款,因為對線上交易而言,並沒有明確的退款目標。

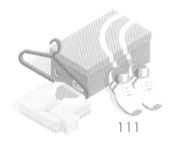

15

獨特的線上金流功能
為你量身訂做

　　賣家們因為業種不同，對於線上金流（網路金流）使用的需求也不同，但我們常見的某些功能，似乎是針對大型電商開發。其實只要找對第三方支付，這些特殊的功能，一般會員也能使用。銀行與部分第三方支付業者，會因客戶需求特別寫線上金流的程式，但是並不表示所有的客戶都能使用到這些獨特功能，因為特殊的功能通常都限定在部分客戶使用，但綠界科技把所有獨特的功能開放，讓所有會員都能使用。

「預授權」與「交易後授權」

A. 信用卡

通常在產品的價值很高的時候,線上金流就會有「預授權」與「交易後授權」,例如線上租車、線上旅館訂房等。預授權與實際的交易金額會不同,例如旅館在入住之前先刷卡,但是此時的刷卡金額與契約上不同,但不會出現在帳單上。在旅館業者確定全部的契約履行後,才會進行結帳扣款,此為「預授權」。

交易後授權也發生在線上訂房,例如入住飯店的時候旅館會請入住的買家預刷一筆信用卡金額作為保證金,如果飯店清潔人員在房客 check out 之後發現房間內的物品損壞或遺失,便是用交易後授權來扣款;如果沒有問題,此授權就會取消,也不會出現在帳單上。

租車可隨租隨還,是交易後授權功能的延伸,例如綠界科技為和運租車提供專屬授權功能,其中除了「預授權」之外還有「交易後授權」,客戶還車後可能寄來罰單、停車費及國道通行費等,這並不是租車公司負擔的範圍,或是還車後才發現汽車有損壞。但是客戶可能來自國外,罰單寄來時早已回國。為了避免租車公司求償無門,交易後授權在線上租車時就放入契約中,客戶在契約成立的當時就已經同意,不用額外刷卡。

最常在生活周遭發生的預授權,並不是租車或住宿,而是自助加油。自助加油前我們會先把信用卡插進機器裡才能開始

加油。但插卡動作發生當下已經預刷了 3 千元，一般人不會曉得，因為這後面的系統在運作。自助加油預授權的目的在於加油站不曉得客戶加了油之後，會不會沒有按確認，信用卡不拔走直接開車走人。3 千元是大部分的車子油箱全空加到全滿的金額，當自助加油結束按下確認鍵，之後出現的金額才是加油站向銀行請款的確定金額。

簡化收款流程，避免中間人經手現金

B. 超商條碼

超商條碼似乎陌生，但我們最常碰到的就是信用卡帳單，除此之外還有什麼應用？例如候選人造勢募款、保險公司收款、大樓管委會收管理費等，都能用得上。曾有某候選人要辦募款餐會，就找上第三方支付的綠界科技幫忙募款。候選人希望餐會結束後，支持者能把捐款的動作延伸到餐會之外，並且給每個人都不同的捐款號碼，可以知道每個人的組織能力。

因此使用超商條碼，每個人的條碼都經過預先設定，直接在文宣上列印條碼，勾選 A 條碼可捐助 5 百元、B 條碼 3 千元等方式。想要讚助的人就可以按照條碼前往便利商店捐款。捐助現金當然最好，不過現金有幾個問題，第一個是難以保管，第二個是大型餐會的現場很混亂，若沒有馬上登記，很難確認是哪些人捐了多少錢。

大樓管委會想要收管理費，或是整修設備的費用，以往都是在

大樓公共空間貼一個繳款帳號，請大家去匯款或轉帳。不僅訊息容易遺漏，也造成大家生活上的不便，使用第三方支付管委會可以把每一戶的帳單都做成超商條碼，投遞給各住戶。

大樓管委會透過超商條碼收費的優點

節省住戶時間	一般人會去超商購物、繳信用卡、水電費等，可以順便繳交管理費
繳款清單取得	管委會可從第三方支付取得已繳款者的清單，可在很極短的時間內判斷已繳及未繳的住戶
方便管理	以一人就能管理上千戶的大型社區的管理費、雜費
繳費款項不出錯	繳費金額已經設定在系統內，超商也必須按照繳費單上的金額收費，不會因住戶疏忽不小心將款項匯錯，還需退費或追加
減少住戶爭議	住戶的管理費繳交狀況在系統上簡單清楚明瞭，繳到哪一期、何時繳交、有無拖欠、跳期等，繳費爭議不再出現

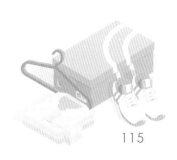

C. 超商代碼

　　如何運用利用超商繳款的便利，以及社群媒體訊息的快速傳播，打造完美的電商行銷策略呢？第三方支付提供的「超商代碼」功能或許是解答之一。超商代碼是一組數字，在交易後由賣家提供給買家，買家必須要拿到超商的互動式資訊服務站（ibon 或 FamiPort）列印繳款單，然後去櫃檯繳款。

　　最近新型態的超商代碼運用，出現在廉價航空的網路行銷活動上；以往我們去旅行社或上網買機票，都採取刷卡的方式，沒有使用超商代碼。因為機票的價格經常超過超商代碼的 2 萬元金額限制，另一個原因是要確認機上空位才能賣票。

　　而廉價航空興起，從台灣出發前往東南亞或者中日韓的班機相當便宜，航空公司開始思考在台灣如何用開發「宅經濟」銷售機票，於是出現了超商代碼的新應用方式。坐廉價航空的客群有部分是 18 至 35 歲，還在求學階段的年輕人或是家庭主婦，他們可能沒有信用卡。當這個族群收到社群媒體上的廉價機票訊息，並開放線上搶購，假設是台北飛菲律賓巴拉望的機票只要 3 千塊含稅，對於這樣的行銷活動，最好的繳款方式自然就是超商代碼。

　　在台灣到處都有超商，比銀行櫃員機 ATM 還要多，搶到機票的人會拿到一組超商代碼，在時限內前往超商繳費就可完成交易。超商代碼還有及時清算的特色，航空公司可以很快確認繳款並進行開票的動作。

D. ATM

　　自動櫃檯機（ATM）轉帳收款原本是舊時代的網路金流，以往我們會到銀行臨櫃辦理各項手續，如今許多人沒有辦法在上班時間到銀行去，逐漸轉向使用網路銀行。推升了網路銀行發展，使 ATM 轉帳收款再次以「虛擬 ATM 帳號」的方式活躍起來。

　　虛擬 ATM 就是由電商與第三方支付合作，在第三方支付的系統中設定一組轉帳帳號，並指定轉帳金額與付款買家，買家收到帳號後可以網路銀行繳款、臨櫃、實體 ATM；虛擬 ATM 服務適合應用在學生族群、上班族及家庭生活開銷繳費。

　　也由於網路銀行愈來愈普及，現在的銀行也開始趨向縮減分行數，增加 ATM 的駐點；目前在台灣地區有 3 萬多台自動櫃檯機（ATM），平均 800 個人就有一台，ATM 的布局觸角延伸到超商、超市，配合網路銀行服務，到達銀行金融 24 小時服務的目的，也提升虛擬 ATM 帳號的實用性。

　　電商看準大部分民眾都有網路銀行，各式各樣的線上交易都使用虛擬 ATM，例如遊戲點數、遊戲虛寶、票券、流行服飾、3C 等都使用虛擬 ATM 交易。現在有更多意想不到的傳統產業，也加入虛擬 ATM 的行列。例如政府推廣房東加入租屋代管服務，讓租屋代管公司的業務量增加許多；以往租屋的房客都是自己轉帳給房東，或是由房東挨家逐戶敲門、打電話要租金。租屋代管公司都希望能夠精簡人力，以最少人力管理更多的出租屋；為了達到方便管理的目的，與第三方支付合作採取了虛擬 ATM 的方式收租金與雜費。

租屋代管公司用虛擬 ATM 來管理房租繳納，就不需要逐一確認匯款後五碼與房客資料，並利用第三方支付後台提供的帳務資訊批次處理，手指一點全部到位。

在第三方支付之中的綠界科技，早已將虛擬 ATM 整合至 PC 端、行動端，民眾只要有網路銀行，可以直接在手機上轉帳，讓手機化身隨身銀行，輕鬆付款、十分便利。

Q & A
是否支援國外卡？

外國發卡機構發行的信用卡，我們多稱做為國外卡，許多電商對第三方支付是否支援國外刷卡，或者是否支援國外卡有共同的疑問。另外，在國內暢行無阻的 VISA、MasterCard、JCB……等信用卡，常被對金流了解不深的人誤會，認為只在國內通用？其實這是全球性發卡組織所發行的信用卡，在第三方支付全部都可以使用，目前在綠界科技除了以上這些卡種以外，甚至還可以使用銀聯卡。所以買家持有國外銀行所發行的信用卡，能否使用這些信用卡線上交易呢？答案當然是肯定的。

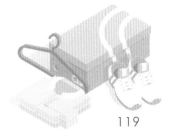

CHAPTER 5
超越想像的
服務全攻略

16

看懂超商物流
物流不用愁

　　超商物流一出現立刻蔚為風潮，當時網購的買家最喜歡說：「送到我家附近的超商，我會自己去拿」，最多人討論的問題是「我家那間超商到底是哪一個門市？」

　　台灣便利商店成為物流通路，對世界來說是一個很獨特的現象，世界各國的物流生態其實都不同，台灣因為超商非常多又很密集，而且常在一個地點便有 3、4 家不同品牌超商可以選擇。超商本來每天都在送貨，所以台灣的超商自然而然把物流結合進去，形成一種物流兼銷售的通路。

電商必知　現金族群的最愛

「便利超商取貨付款」會成為電商重要的必備功能，必須談到台灣的經濟架構，台灣的家庭常常都是雙薪，或是獨居外地的單身貴族，網購無法使用宅配貨到付款，如果住公寓又逢上班時間更沒人可以幫忙收貨。於是就衍伸出超商的物流；而其中超商貨到付款，就成為了許多使用現金族群的最愛。

由於超商的物流只能運送一定大小的物品，太大過重都不接受投遞，有些人覺得這樣的規定並不合理。原因並不是超商的人特別的嬌弱搬不動，而是超商的儲藏空間小，而超商原本的作用是銷售商品，並不是拿來放置物流的貨品，當倉庫用。

但也因為這樣的限制，創造了另外一種經濟模式，稱之為「微量電商」。這類電商以一些體積小、單價高的商品為主；例如化妝品、保養品、衣服等。為了因應買家對這類商品的大量需求，以及應付頻繁的進出倉庫，有 3 間超商（統一、全家、萊爾富）先後成立了集貨倉（物流倉庫），應付日益龐大的網購訂單。這是因為產品的體積小，在集貨倉佔去的空間不多，把貨品放在物流的中間步驟上，可簡化、方便配送。

在台灣有一個大型零食進口商，最初是賣家個人來回台灣泰國跑單幫；幾個月後生意愈做愈好，就請泰國的朋友幫他將貨品寄到台灣來。如同許多電商發跡的故事，剛開始物流倉庫就在自己家，每天都有上千人來家中取貨，或是每天到超商寄貨。雖然錢賺到了，但是很沒有效率，所以賣家架設了網站，並選擇的跟第三

方支付合作，利用三大超商的取貨物流。

　　會如此決策，除了超商取貨點多、付款方便；主因是顧客群大部分是家庭主婦及學生，這一批都是喜歡使用現金的族群，因此一拍即合，銷售規模擴大數十倍，成為該產品台灣最大進口商。

　　超商取貨有項好處，可以很方便的收集買家的地區資訊，例如客戶訂單主要集中在台北某一區，哪幾間超商有特別多的取貨記錄，加上自己得到的訂貨資料，就可以成為一個地理位置的基礎大數據。

　　使用超商取貨還有另外一種意想不到的效果，就是等同於打入了超商的通路。在超商上架是非常昂貴的，但是如果可以透過超商的物流或者是貨到付款來取貨，相等取得了同等於超商上架的優勢，因為每個買家都必須去超商取貨，在某些環節上取得了商品與超商品牌的連結。

賣家自接物流　不如找第三方支付支援

　　許多買家喜歡超商取貨付款的原因，在於以往許多電商要求先匯錢再寄貨，但是出現沒有收到貨、貨物品質不如預期的現象；因此在超商付款此一類似「銀貨兩訖」、「現金交易」的模式愈來愈興盛。例如有名的網購詐騙新聞，買家購得蘋果手機，結果寄來的是一罐麥香紅茶。

　　而第三方支付花了大筆的資金成本，讓系統支援更方便的「超商取貨付款」，得以讓賣家可以輕鬆方便介接，對網購買賣雙方的

不信任感「治標」；另外，原本第三方支付運營的目的「信託貨款」，就是對網購信任基礎問題「治本」。我們以第三方支付的龍頭為例，綠界科技的會員可以使用 3 間超商的物流系統。

　　曾有賣家想自己去介接超商物流系統，但超商不甚願意的情況。原因有幾個，其一是小廠商所聘請的程式工程師可能沒有處理的能力，其二對超商是專門做物流的，他們也沒有意願為小廠商更新一連串的系統資訊。對超商來說，介接一些小電商既花時間又沒有效率，介接好 1 千家小電商的所得到的貨物量，可能還不如一間大型電商平台。更進一步討論，電商要跟超商介接物流，還需另外付年費，要專業工程師幫忙串接相關 API。

名詞電商要看懂　逆物流機制

　　以往不管賣家到超商寄店到店，或是集貨倉出貨，都沒有退貨的機制，超商只負責順向（賣方至買方）物流。如果遇到買方在猶豫期要退貨，必須打電話給賣家詢問退貨方式。但是現在已開發出十分便捷的逆物流（買方至賣方），機制與寄貨的方式類似。

　　因為網購有 7 日猶豫期的法律規定，電商遇到退貨的機率相當大，在美國的一項調查中發現，購買服飾和鞋子的買家有 30% 以上出現習慣性退貨，而退貨的原因多為試穿後不合身，而退貨機率較低的則為美妝和珠寶飾品等。我們建議賣方可藉由蒐集買方的採購習慣數據，建議採購尺寸，進而減少退貨機率。無論賣家選擇超商的物流管道退貨或是宅配收件，請注意時間若拖得愈久，

或者是退貨流程愈不方便，都是引發更多客訴的原因；若買家不注意退貨環節，甚至有可能引發財務危機。

曾經有某間網購服飾公司，業績可說是當時全台灣最好的，但是最後竟然經營權易手，就是因為漠視退貨環節。電商最痛苦的地方，就是退貨率高，第三方支付雖然在這一方面也有相應的優惠，就是買家沒有來超商領貨就直接退貨，是不用收取費用；而賣家只要退貨後重新包裝整理，就可再度上架銷售，不會有太大的庫存壓力。

但當時這間知名網路服飾公司的情況，退貨全部集中在便利商店的集貨倉內，並沒有即時進行理貨及重新包裝、更新庫存量的動作，而且拖延的時間長達1周以上。台灣網購服飾類退貨率相當高，若是一天要賣數萬件衣服，1周可能累計有50萬件的銷售量，但是其中20萬件可能是退貨。在以上的例子中，等到賣家來到集貨倉，發現已經堆了數十萬的退貨商品，這些商品不在庫存數量上。

賣家以為這些貨品已經銷售出去，已經向中國大陸的成衣廠下訂數十萬件成衣，一方面要付貨款，一方面出現退貨的庫存壓力，一時間現金接不上來，於是經營權便拱手讓人。今日在超商的集貨倉裡，有許多公司派駐專人處理退貨與理貨的問題，或許就是這個案例的前車之鑑。

對稍具規模的電商而言，退貨是非常重要的事，如果一天出現4、5百人打電話來退貨，賣家就必須把全部的人力都用在退貨流程上，其他業務幾乎完全被耽擱。使用大宗寄倉的電商，現在的超商逆物流（退貨）流程，只要賣方建立逆物流訂單，提供買家退貨代

碼，請買家到超商去操作互動式資訊服務站（ibon、FamiPort 等），輸入數字，就可從印表機得到一張寄物單，將寄物單及商品一併交給超商櫃台，就可以辦理退貨。

買家不需先打電話給賣家，以取得退貨的寄件資訊，賣家也不用派遣貨運公司前去取貨，退貨流程被極簡化。「從哪裡來就回到哪裡去」是超商逆物流的特色，當店家自己拿到超商寄的貨品，若買家未取貨，會退回原來的超商分店，並通知店家來取貨；自集貨倉發貨的商品，在取件時限截止後，自然會把退貨商品送回集貨倉裡。

Q & A
使用第三方支付的物流，有更簡單的辦法讓買家退貨？

網路購物的高退貨率，讓逆物流（退貨）成為電商必修。以第三方支付龍頭的綠界科技為例，大宗物流寄件的賣家，已取件的商品只需在後台建立退貨訂單，告訴買家退貨代碼，請買家到超商操作互動式資訊服務站（ibon、FamiPort 等），將單據與商品一同交給櫃台就可以退貨。未取件的商品，則會在設定時間退回集運倉。

其他的運送方式，包含賣家到門市寄店到店、黑貓宅急便等，都必須請買家與電商先聯繫好退貨的方式，例如貨運公司取件或買家寄件。

Q & A
沒使用綠界科技的金流，能串接綠界的物流嗎？

綠界科技完整的物流服務，在繁忙的電商們口中擁有良好口碑，尤其是超商貨到付款的服務。如果申請綠界科技會員，可以只使用物流中的超商貨到付款嗎？當然可以，綠界科技允許電商只申請串接物流，不需要申請金流，例如不開通信用卡、ATM 等等功能；但是申請的資格與預備的資料，跟申請金流時是一樣的。綠界科技審核會員採一視同仁，但是他可以只開通物流的功能；賣家的網站按照綠界提供的技術資料與手冊，即可進行串接。電商的網站上提供買家填寫物流資料，必須按綠界科技的要求，依欄位正確填寫。

超商物流的規則與後台功能

A. 一般超商物流的規則

新手電商對於超商物流業者提出的物流的規則必須要嚴格遵守，例如對商品的包裝、包材與材積的限制。限制的主要目的，為了適當保護商品與儲存貨物空間利用的最大化，並且方便運輸。如果賣家未按照規定包裝商品，可能會造成買家對物流的客訴，例如化妝水如果沒有加封膜，可能會出現成滲漏；玻璃杯沒有厚紙盒及氣泡袋緩衝保護固定，送到買家手上可能變成一堆碎玻璃。若發生

以上的情況，賣家可能會被物流業者罰款並記錄，一旦多次違規，也可能會遭到停權。

當賣家是透過第三方支付的系統，物流契約是建立在第三方支付的物流契約上，出現商品損毀、異變等，物流業者會先向第三方支付業者反應，由其進行勸說；但是屢勸不聽者，可能會被列入運輸黑名單。

B. 大宗超商物流的規則

如果電商經營達到一定的規模，多數會開始使用「大宗寄倉」，大宗寄倉也是超商取貨的延伸。

今日網路電商都知道利用超商 24 小時營業的特性來幫助銷售，進而使用大宗寄倉。舉例來說，某電商一天要出貨 2 千箱的餅乾，賣家不可能把 2 千箱的餅乾送到附近超商寄送，會把小小的超商倉庫塞爆。超商這時候會建議跟集貨倉聯絡，利用集貨倉的銷售方式就是超商大宗寄倉。

賣家透過第三方支付後台的系統，建立大宗寄倉的出貨單後，必須自己將商品送到集貨倉；也因為超商減少一小段寄送路程，所以物流的費用會有一些折扣。由後台報表來看，列印一般託運單與大宗的託運單會略有不同，賣家將託運單貼上商品之後，送到集運倉，由超商的物流系統接手完成投遞。

四大超商都有自己的集運倉，但四大超商對於大宗寄倉的運送規則略有不同，這些規定都可以跟第三方支付業者取得，

規定中包含寄貨物品的種類、包裝的方式、材積重量、運送時間等等，都必須要按照倉庫的規則來走，否則有可能遭取消物流資格；而規範及注意事項，與一般超商物流相同。

C. 超商取貨付款的規則

超商取貨付款有單筆金額的上限，原因是超商不希望有太多的現金在櫃台，全台四大超商的單筆金額上限均為 2 萬元。

D. 宅配：常溫、冷藏的規則

生鮮類、食品類的賣家一定會注意到物流宅配的溫度，目前第三方支付業者配合的，為常溫與 5 度冷藏運輸。目前尚未有冷凍商品物流，因為冷凍食品有相當高的食品安全要求、溫度限制，屬於物流之中難度最高的部分。此類商品有長途運送困難，運送品質不如買家預期的情況。

冷凍食品是食品業中高門檻行業，需投注相當大的資本在大型冷凍設備上，為了避免運輸品質打壞商譽，這些高資本的廠商多半有自己的倉儲物流系統。例如澎湖海域現撈的花枝，但冷凍工廠的位置在台南，然後訂貨的買家在花蓮。路途遙遠所造成的因素實在太多，如果品質有異變，責任在於賣家、運輸車輛、運送司機或天候因素？很難去界定責任的歸屬。

E. 綠界物流管理的後台介紹

▲ 對帳查詢可建立賣家有申請服務的物流，如大宗寄倉、黑貓宅急便、大嘴鳥等，若賣家選擇物流為大宗寄倉，須於本頁建立測標資料，測標通過後才可使用大宗寄倉服務；在表格上點開當筆訂單資料，可查看物流資料相關明細

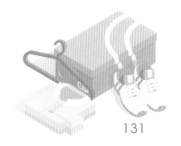

▲ 逆物流查詢限定有申請服務的逆物流訂單，可確認相關訂單
編號、物流狀態、廠商、以及相關處理費扣款日期

▲ 批次列印託運單號功能僅供大宗寄倉
使用

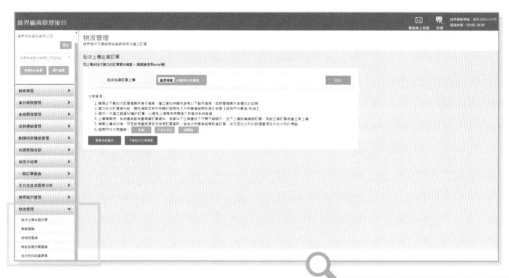

▲ 欲建立多筆的物流資料，可批次上傳
出貨訂單，上傳成功後可到對帳項目
中檢查；另外「物流貨態代碼查詢」
可檢查物流代碼個目前的狀態

17

幫賣家省錢
利用電子發票

　　剛進入電子商務的世界，除了少數有經驗的人，大多數的新手賣家可能會説：「開發票很重要嗎？」發票事務處理得好，不僅省去大量人工、減少支出、簡化會計部門業務，還有可能讓賣家避免財務危機。過往開實體店面，收銀台要放收銀機台，配上現金箱、發票機、刷卡機等，賣家需要買這麼多機器，還有維修保養或時不時更新其中的軟體、韌體、硬體，但現在第三方支付的系統之中，早已經全部整合。

出貨忙昏頭還要開發票　這招搞定

　　要不要開發票？線上世界與線下世界稍有不同，除了極少數不用開發票的業種或者是原本資本額就小者，絕大部份的公司行號都是需要開發票的，電商也不例外。依據《農業發展條例》、《加值型及非加值型營業稅法》規定，農林漁牧礦或是出口貨物可以減免營業稅，其中比較特殊的是，原本屬於免開統一發票的豆漿店、麵食館、大眾飲食店、麵粉、麵條等等所謂特殊性質營業性質特殊之營業人，一旦透過網路銷售商品，就必須開立統一發票。

　　新手賣家常在創業的時候，選擇 Yahoo 或露天等拍賣電商平台進行個人物品的銷售，此時可能不用開發票。一旦牽涉到以營利為目的，每月銷售額達到 8 萬元以上便開始課稅，若是月營業額超過 20 萬，除了恭喜賣家業績蒸蒸日上，也達到核定使用統一發票的門檻。

　　使用發票後，剛開始一天 10、20 張的發票可能以賣家個人的能力還能應付。若是有財神爺加持，業績愈來愈好、成為百萬電商，一天可能就要開出上千張的發票，如果是手動開？可能需要請一個人整天都在操作收銀機、負責發票業務，非常沒有效率。

　　發票的業務通常由會計人員來負責，而且發票業務不只有「開發票」，還包含進退貨時的發票處理；另外發票開錯也有一套流程，不是把發票撕掉重寫就好了。以下表格簡單敍述退貨時的發票處理：

業界對於退貨時的發票處理

作廢發票 **沒有買受人統編**	營業稅申報前	向買家拿回收執聯，黏貼在存根聯上並註明「作廢」
	營業稅申報後	製作銷貨退回折讓證明單並由買方簽名，附上收執聯正本或影本；如果原來開的發票（存根聯）上有清楚的記載買家姓名及地址，此時可不用收回收執聯
作廢發票 **註有買受人統編**	營業稅申報前	向買家拿回收執聯，黏貼在存根聯上並註明「作廢」；製作進貨退出、銷貨退回折讓證明單並由買方簽名
	營業稅申報後	製作進貨退出、銷貨退回折讓證明單並由買方簽名，附上收執聯正本或影本

・**發票開錯的處理流程與退貨時的發票處理類似**

　　若是銷售衣物、鞋子的電商，都知道退貨的機率相當大，如果聘請一位專業的會計人員來處理大量銷貨、退貨、發票業務等，會顯得非常浪費人力。電商們都是希望經營有效率，最好員工都能以一當百，像是打發票、作廢發票這種沒有效率的事情，當然最好能捨去就捨去，而電子發票，就是幫賣家們全面數位化，由系統來處理這些動作。

眉眉角角　電商獨特的發票問題

　　線上交易的發票問題，遠大於線下交易，所以更需要數位化。為什麼？因為網路購物有 7 天猶豫期，電商還在使用紙本發票的時候，貨品一旦遭到退貨後，需要逆物流、回收發票、退貨後開立折讓證明等多項處理，在紙本發票時這些動作都必須倚靠人工。

　　為了避免猶豫期退貨造成大量作廢發票、開立大量折讓單，有的電商將開發票的時間往後延數天，7 天過後再把發票寄給買家。雖然解決了退貨的問題，但是卻造成銷售數字與庫存對不攏，如果差異很大，會造成電商與上游廠商之間訂貨貨款的銷售金額的相互擠壓，因而形成財務危機。曾經有流行服飾電商，帳面銷售數字狀況極佳，卻宣布發生財務危機，就有可能是這個原因。

　　有了電子發票後，對於退貨處理就顯得游刃有餘。例如有不少電商平台標榜早上買、隔天到；卻碰到買家早上買下午退；以前發票已經開出去了，電商只好拿回來作廢，現在發票電子化後就不再有這麼多麻煩的問題，不需要紙本作廢的動作，只要買家

對退貨系統發出退貨通知，系統自動執行發票作廢、折讓的流程。

　　發票數位化後，也不會再出現打錯發票的問題，因為發票金額由系統按照買家購物品項金額來輸入。我們在電視上常看到線下商店發票開錯的新聞，因為不小心多按了幾個數字，發票金額遠遠超過商品價格，收銀員還要追回打錯的發票做折讓作廢，不然要賠營業稅。而電子發票不會出現這種錯誤，這時唯一會出錯的部分就是在「人」；曾有香港某航空公司網站上機票的價格設定錯誤，頭等艙的價格設定成經濟艙，結果每賣出一張機票就要賠 20 多萬，但這不是開錯發票的問題，是員工設定價格錯誤的問題。

除了省紙　電子發票還有這 4 大好處

　　所謂的電子發票，其實外表如同在便利商店拿到的實體發票一模一樣（如圖），只是它是用電子檔案的形式儲存在網路空間上。我們可以想像一下，以往要開 20 間分店，必須買超過 20 台的收銀機（含備援機），買一套 POS 系統；並且訓練店員操作收銀機，如果有新的店員來，還要指導他如何操作。但是電子發票的系統思維完全不一樣，電子發票系統像是 24 小時工作的機器人，也不用訓練。一旦系統介接好，就開始每天做訂單處理發票處理，今日完全不懂財務也可以當新手賣家，經營團隊也不要太多財務知識，只需要看懂報表就好了。

電子發票有多種好處，其中之一就是沒有紙張，也可以很方便地查詢交易內容，減輕了財務人員的負擔。財務人員現在要做的事，就是當統一發票開獎之後，點選電子發票對獎模式，把中獎發票印出來寄給買家，因為紙本的發票才能兌獎。以前人們為什麼都要把發票留下來？只因為要對獎。但每一期中獎的發票可能只有 1 至 2 張，其他全部都是無效的發票，這是一種資源浪費；而使用電子發票時，無效發票不用列印。

採用電子發票後，中獎發票除了寄給買家，還可透過超商的互動式資訊服務站（ibon），讓買方自行列印。另外發票若是儲存在載具裡面，例如手機條碼載具，中獎後可直接存入買家戶頭。

第二個好處，也是對賣家最方便的部分，可以將整個發票系統化、簡單化，以及交易透明化自動化。如果把規模放大來看，像

▲ 電子發票圖：綠界科技提供

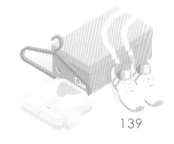

PChome 和 momo 這種電商平台，每天應該都有數萬筆至數十萬張的發票；以往的作法是開立所有的發票，然後按照貨品一一放進箱子裡一同寄出，然後還有退貨問題，可想而知電子化後可以減少非常多的人力成本。

第三個好處是簡化報稅流程，目前賣家可以透過第三方支付的電子發票系統，將資料批次上傳，如果這時候有工程師進行介接，就可以利用第三方支付的服務，照國稅局的流程從無到有全部「一鍵搞定」，讓原本不曉得怎麼樣處理發票的賣家，解決系統操作到報稅所有問題，而且不會出錯。

第四個好處，發票電子化後可以對消費進行數位化的紀錄與整理，在實體店面沒辦法從發票上面看出消費者是誰，除非把會員系統與 POS 系統連接起來。有了電子發票可輕易跟會員系統連結，賣家能從銷售報表看見多少會員回流購買，並依據報表做促銷、廣告的決策。

電子發票的好處

1. 沒有紙張，開立發票、作廢發票電子化，減輕財務人員負擔
2. 整個發票系統化、簡單化，減少人力成本
3. 透過第三方支付的電子發票系統，「一鍵搞定」簡化報稅流程
4. 交易資料數位化的紀錄與整理，檢視顧客回購率

電子發票還能協助企業創新

　　如果一個廠商之前完全依賴大型電商平台來進行銷售，當企業成長到一定規模，勢必要自己處理財稅與發票的相關事宜，最好的方式就是尋找第三方支付的解決方案。或是企業的營業項目要擴增，要更多豐富的變化，此時電子發票的優勢更為明顯。例如出現分段式的付款，或是採會員制付款，開發票的數量、方式就會大量變動，而電子發票在營銷模式的測試、轉換，就起了關鍵性的輔助作用。

　　出版業界知名的時報文化出版，以前是跟著名的書籍電商平台合作，因為線上銷量非常大，所以編制 2、3 人負責網路通路，當時是發票還沒有電子化，而發票交由電商平台來處理。後來時報文化認為自己有會員系統，也有能吸引顧客來購買的品牌能力，所以時報文化自己架設網站，不再由電商平台服務。問題來了，最大的問題就是發票，以往是電商平台開發票，現在是自己銷售，開發票的量非常大。但出版公司並沒有那麼多人力來負責這些發票，於是選擇第三方支付並介接電子發票的服務，一勞永逸解決所有問題。

B2B 發票開立的差異

　　B2B 與 B2C 的發票開立最大差異在於開票時機不同，其次 B2C 對象多為一般買家較少公司行號，B2B 開立發票的對象全部都是廠商、公司行號。由於廠商、公司採購商品為了方便作業，

可能預付訂金或預開發票，又或是延後開票，在後台機制上，開立給公司行號的發票可自訂日期，僅限制在 6 天內。

簡單的説，電子發票對於 B2C 的賣家，可提高營運效率，大量出貨更順暢，而 B2B 的賣家則是對發票的正確性要求較高。B2B 的電商與第三方支付合作使用電子發票好處非常多，有 3 大方便：

1. 開立很方便
2. 折讓很方便
3. 申報很方便

多年前曾經發生過一起新聞事件，正好説明了電子發票在 B2B 的重要性，某電子公司旗下有超過上千家供應商，其中財務經理與供應商往來做假帳收取回扣，造成了公司極大的損失，如果產業鏈全面使用電子發票系統，或可能解決這些問題。

以往我們依據買賣單據來開發票，不曉得是否有真的交易行為，發票或許只是為了幫供應商做虛假交易、做業績。使用電子發票後，使得虛假交易的可能性變得相當低，因為電子發票讓交易流程都可被全面查核，最後會上傳至財政部雲端，發票出錯的可能性也極少。以往可能需要 10 至 20 個人處理發票，現在可由系統協助，只要幾個人就能管理所有的供應商。不僅讓虛假交易消失，也降低了營運的成本，簡單達到税務正確與安全的要求。

簡化中獎發票帶來的作業負擔

生活在台灣的我們已經很習慣在消費之後要索取發票,然後每2個月對一次發票號碼,看有沒有中獎。

但是對於外國來台灣經營電商的賣家來說,發票對獎是很新鮮的事。曾經有美國電商來台灣,對於台灣的稅務制度感到相當的頭痛,因為他們在國外不用開發票也會誠實報稅。另一件事情是發票可以兌獎,外國電商為此取了名字「發票樂透」,人們拿著發票對號碼,有人得到高額獎金,就像是樂透。

這些外國人認為公司繳稅天經地義,不了解為什麼需要獎勵人去拿發票。因為對處理發票特別陌生,所以容易出現一些失誤。例如忘記發票中獎後,財務人員要通知中獎者並寄送發票,這些也是新手電商容易出現失誤的地方,處理的好壞對於電商的商譽及人力有很大的負擔。

以往電商要幫買家對發票是否中獎,中獎後再列印、郵寄;紙本發票如果沒有中獎,就是廢紙一張;如果未中獎就不須印出來,可節省資源與成本。電子發票是交易數位化的進步象徵,還能幫助政府財政政策、擴大稅基。

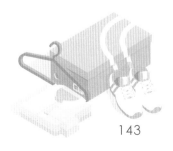

18

資安健檢
別讓自己功虧一簣

　　還記得看過這樣的新聞標題嗎？「詐團最愛平台『〇〇〇〇』全台共 526 人遭騙」。每隔一段時間，內政部警政署都會在 165 反詐騙諮詢專線站上公佈「在哪些網站購物容易遇到詐騙電話」並將這些網站列為「高風險賣場」。

　　當某電商網站交易流量愈來愈大，不只表示受到買家喜愛，也會受到駭客們的關注，當然駭客們關注的不是商品，而是網站主機內的買家交易資料與個資。這些資安外洩的網站不限類型，可能是看似資安嚴謹的大型公司，也可能是中小型電商。資安外洩的具體情況，例如買家在某一個網電商網站上購物，隔天就有人打電話，依照前一日的交易資料進行詐騙，謊稱匯款資料錯誤、購物分期付款設定錯誤等，要賣家依照指示進行 ATM 操作。

　　資安外洩時通常不只有一筆，而是同一購物網站上出現很多買家都接到類似的詐騙電話。發生原因可能是駭客將惡意程式隱藏在賣家的網站中，如果情況發生當下就盡快找出惡意程式，並加以清除，就能減輕損害。如果賣家知道網站有漏洞，也知道有駭客的存在，卻不立刻安排資安健檢，只是消極地在網站上放警語，交易量與業績一定會逐漸下滑，嚴重甚至關站賠錢，好不容易累積的人氣只好「放水流」。

資安外洩有不只影響買家

　　近年來警政署公布的疑似個資外洩，造成買家被詐騙的網站繁多，而且涵蓋各種類型，如 3C 手機購物、電影票、網路書店、女性服飾、女性貼身衣物、旅行社、親子購物等等。網路賣家遇到的詐騙方式，主要是 ATM、信用卡分期付款等。

　　無論銷售實體商品或虛擬商品，每個電商賣家注重的事情都一樣——「顧客回購率」，但資安外洩影響最大的就是回購。

買家因為商品便宜及消費習慣，而成為經常光臨的顧客，一旦發生個資外洩，買家在消費之後接詐騙電話，直接影響買家不敢再度消費，或者是盡量降低在該網站的消費金額。簡單的說，對網路詐騙的疑慮降低了買家的需求，造成買家的消費欲望沒有得到滿足，而店家的銷售需求也沒有得到滿足。

　　個資外洩不僅僅是買家受騙，影響買家對於網購的消費意願。根據《個人資料保護法》第 47 條，法律上針對個資外洩的網路電商，可以處以罰鍰 5 萬元至 50 萬元。而買家還可以針對個資外洩提告，在 2018 年，國內某大型旅行社就因此就遭民眾求償新台幣 363 萬。

提供資安健檢有哪些公司？

　　稍具規模的網路賣家一定要進行資安健檢，因為網站會員系統中的會員資料、信用卡卡號、訂單等資訊，是駭客最主要目標。

　　當賣家懷疑網站有了資安問題，或是想要預防資安問題要怎麼辦？唯一的辦法就是進行資安健檢。資安健檢顧名思義，就是網站健康檢查；如同人的身體一般，健檢目的是找出體內的病灶、或是預防疾病發生。網站生病時會被駭客入侵，資安健檢可以找出網站的漏洞，避免資料外洩。

　　資安健檢的服務可分為政府機關與民間私人公司，而負責的公司也不同。國家單位也擔心會被駭客入侵滲透，政府的網路資安由資策會來控管，並交給中華電信來服務。假設總統府或者是國防部的網站遭到駭客入侵，就是由中華電信的工程師來處理。民間私人

公司的資安健檢，目前主要由綠界科技、精誠資訊、關貿網路等公司出面處理，幫忙尋找網站是否有漏洞；如果民間公司請中華電信做資安健檢，中華電信並不會提供協助。

在外面做資安健檢的公司有很多，綠界科技的價格相對便宜，但是對綠界科技來說，資安健檢不只是商品，而有更深的意義。

有人會感到好奇，為什麼第三方支付想要做資安健檢服務？綠界為何要提供這種服務？第一個原因是服務自己的會員，幫助資訊安全上相對弱勢的電商新手。第二個原因，第三方支付的資安須比照銀行的規格，綠界的稽核要求與銀行端相同等級；在完成極高要求後，能做成產品交給電商會員使用。第三個原因，保護資安的問題，也保護第三方支付信託的可靠度。

資安健檢做些什麼？

我們在網站上常會看到這樣的警語：「若接到自稱本網站或銀行人員，假稱操作 ATM 幫忙取消網路購物分期付款設定等，必為詐騙手法。」對於維護資安的各種方法，若賣家在自己的網頁上柔性提醒買家注意詐騙集團，僅是聊勝於無、絕對不夠。醫院健檢常會說「維護人生每一階段的健康」，完整的健檢才能維護健康；網站也是一樣，寫個警語絕對無法防駭客、防資安外洩。

過往資安必須投注大量的金錢，包含網站伺服器的費用、設備升級、申請認證，一年可能高達上百萬的成本，現在的價格僅需以往的 1/100 至 1/10。當生意蒸蒸日上，網站愈有可能成為

駭客攻擊及個資竊取者下手的目標，雖然資安健檢並不便宜，但賣家本應該負起的維護資訊安全的責任。

資安健檢做些什麼？綠界科技的資安健檢功能

弱點掃描	1. 安排工程師針對網站進行資安健檢，以弱點掃描軟體檢查賣家網站漏洞 2. 掃描後提出詳盡的健檢報告，報告提示網站上面的漏洞、嚴重程度以及如何修復補的方法 3. 修補完畢的結果建議公布於網站，可取得買家的信任 4. 搜尋檢查的範圍會影響到費用，例如封閉系統連外網路，VPN 連動到電腦等
滲透測試	1. 資安團隊安排仿駭客，進行測試 2. 針對檢修的安全漏洞，進行測試，檢查有無確實修復漏洞，協助賣家進行完整的驗收

註：無論是不是綠界的會員，都可以購買資安健檢服務

其他需要注意的資安問題

資訊安全有 2 種——「內神外鬼」，外鬼是外來的駭客，駭客團體挑選資訊防衛能力較弱的網站入侵以竊取個資。內神就是公司裡面的牛鬼蛇神、違法竊取公司資料的員工。

在資訊安全的環節中「人」是最重要，也最難掌控的。當賣家生意愈做愈好，公司也需要更多的員工，如果這些幫手要求加薪未果、或個人因素而離職，在離職時有可能把客人的個資也一起帶走，帶至下間公司造成訂單損失，也有可能把個資賣給詐騙集團。在資安較佳的大型電商平台，較容易碰到內鬼的問題。

另外，有關網路資料傳輸安全的 CA 憑證及 SSL 也是賣家須要注意的重要環節。

CA（Certificate Authority）憑證，簡單的解釋是網路傳輸的身分證，是安全電商及網路交易的核心。CA 憑證有三大功能，分別為「企業或個人全球網路身份確認」、「網際網路傳輸安全性及完整性」、「網路資料傳輸不可否認性」。可防止資料遭竊聽、洩露，避免篡改、遺失，資料遭冒名、否認等功用。

舉例來說，當賣家成立一個電子商務網站，可能會有詐騙集團做了一模一樣的網站來進行詐騙，也可能是競爭對手做了一個外表非常相似的網站。等買家下單買商品，卻發現遭詐騙或是收到其它電商的商品。曾有一個銷售鞋子的電商，因為網站遭複製，無故遇到消費者糾紛。

另一個 SSL 安全性憑證，目的在確保在連線資料不會被駭客所竊取、修改，資料也不會傳到錯誤的地方。這些資料可能是個資，如信用卡號、姓名及地址。SSL 全名是 Secure Sockets Layer，目前有更新、更安全的版本稱為 TSL（Transport Layer Security），但為了方便使用，仍把 TSL 稱為 SSL。

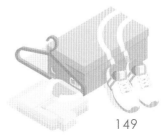

網路交易安全的重要

資安對於電商朋友來說非常重要，開實體店面都要裝鐵捲門、找保全，最少大門也有門鎖，所以開線上商店，同樣不能少了維護資安的措施。許多新手電商剛開店時會忽略線上商店也是需要保護的。線上金流可分成以下 3 個項目：

線上金流如何維護資安
1. 支付的安全，保護買家的個資
2. 如何防止交易詐騙
3. 系統與網站的安全維護

1. 支付的安全

支付安全，就是在信用卡的交易、金流的過程中，建立信用卡資料傳輸的安全機制。大型的金流閘道如第三方支付都會注意支付安全，而龍頭綠界科技更是重視；在大型電商平台開店的賣家通常不會注意到支付安全，因為此時的支付安全是由電商平台來支援。但賣家們終究是要建立自己的品牌網站，才能確保利潤最大、行銷自主。

選擇第三方支付，首要選擇有 PCI DSS 的國際認證，PCI DSS 是支付卡產業所推行的認證，支付卡產業就是 VISA、MasterCard、JCB

等 5 家國際支付卡（信用卡）品牌，PCI DSS 為保障資料安全所共同建置的全球統一規範。不僅可以以保障信用卡交易安全，避免盜用、詐欺來保障商家利潤，還能提升賣家的品牌形象和信譽，降低資訊遺失的頻率，防止資訊外洩造成的巨大損失。

有關金流交易的公司都必須有 PCI DSS 認證，但 PCI DSS 認證分為 1 至 4 級，綠界科技屬於最高級別，例如綠界科技每年都要做資安的考核與檢驗，每年經過查核才能維護安全的機制並加強交易的安全。

例如資訊相關科系的學生都會在網路上架自己的網站，但是這樣的網站沒有 PCI DSS 安全的保護，上面有任何金流交易都有可能遭到有心人士的竊取，進而出現相當大的損失。如果真的發生資料外洩，買家可以向賣家網站進行求償，造成電商經營不下去，也沒有買家敢在會洩漏個資的網站上交易。

2. 如何防止交易詐騙

何謂交易詐騙？舉例來說，某線上遊戲公司在網頁上面銷售虛擬點數和寶物，因為點數具有可變現性、具有交易價值；遭到新盜用帳號的駭客破解網站，直接取得或用假交易的方式，得到虛擬點數和虛擬寶物並加以轉賣，造成線上遊戲公司的損失。

在防堵交易詐騙上，第三方支付業者會要求賣家啟用 3D 驗證，例如綠界科技的會員其 3D 驗證是預設開啟的。3D 驗證是國際發卡組織推行的信用卡交易安全機制，簡單來說 3D 驗證是買家

在使用信用卡消費的最後一步，必須輸入正確的驗證碼才能完成付款。

　　啟用 3D 驗證對賣家來說，信用卡交易的訂單較能受到保障，若當持卡人遭遇信用卡盜刷、冒用時，會主張交易無效；倘若交易已經透過 3D 驗證，金流組織多會判定交易有效，持卡人須支付款項。如沒有 3D 驗證，則賣家可能要自行吸收這筆損失，須將款項退還給持卡人。

　　但啟用 3D 驗證，對買家來說，可能因完成付款的困難度提高，多多少少增加付款猶豫。因此，賣家的商品要是屬於轉賣容易、快速的類型，容易成為駭客、詐騙集團的目標，才有較多啟用 3D 驗證的需求。

　　在交易防詐的部分，第三方支付也有自己的資料庫，例如綠界科技具有龐大的信用卡資料庫可以做比對。因為綠界成立的時間超過 20 年，累積了大量的數據及信用卡防詐的資訊跟技術，還有內部的機制進行交易的比對。落實在各個交易中比對已經提報為詐騙的卡號，或是駭客以程式編寫出來的假卡號。

　　另外，卡號遭到盜用或者是遺失外流，如果沒有第三方支付的大數據提供相對的交易安全，賣家就有可能受詐騙而損失。第三方支付的成立的時間若是夠長，在這方面的優勢就會明顯，例如成立最久的綠界科技。

3. 系統與網站的安全維護

　　對於新手電商來說，初期有可能請外包網站的工程師或是學生來幫忙架站。但是工程師技術參差不齊、流動率高，容易在網站上留下漏洞讓駭客攻擊，或是為了管理方便，把網站管理的帳號跟密碼放在容易取得的地方，形成網路安全上的問題。

　　要是有心人士破解網站的管理帳號跟密碼，讓訂單資訊、客戶資料、廠商來往資料遭到竊取、盜賣，買家遭到詐騙的風險便會大幅提高。離職的員工也有可能把公司的重要資料拿出去轉賣，對於賣家的商譽會造成重大的損失。買家也會擔心，減少採購金額甚至沒有人敢來交易。

　　資安風險的大小，與網站交易的總額有相對關係，而網站的大小與安全性沒有絕對的關係。例如之前新聞報導過，國泰航空網站遭到駭客入侵，造成航空公司的里程數被拿到黑市販售。英國航空在 2018 年 6 至 9 月也發生 50 萬名客戶的個資被竊，遭到歐盟的以違反個資法名義，罰鍰 1.83 億英鎊（台幣 64 億）。國際上排名前列的航空公司都發生資安問題，更何況是中小型的電商，無論營運規模，對於資安維護應當更加重視。

CHAPTER 6

超快速賺錢夥伴
第三方支付新功能

19

幫你贏在起跑點
超快速開店寶典

　　最熱鬧的全民電商時代來臨，無論你是素人還是明星、名嘴，只要看到網路商機，一天就能建立自己的電商王國，踏進一年規模 1 兆 1,086 億元的「電商市場」（CIC 2018 年報告），預測至 2022 年，台灣電商市場規模將達 2 兆 1,598 億元。

　　這是個最競爭紅海，卻也是無限商機、值得開發的藍海，看賣家端商品的動作夠不夠快，時機是否準確。如今在第三方支付業者的大力推波助瀾下，電商的門檻「幾乎消失」，想立刻成為電商，究竟需要掌握哪些預備動作？

有個網址就能當電商

「只要有個網址就能開始經營電商」，大概是 10 年前的人不敢想像的，無論如何，還是先要有個建立金流的目的，才會知道要怎麼做。例如團媽開團購喜歡用 ATM 轉帳，實況主打賞尬意信用卡或電子支付讓大家「斗內」（打賞），跟館長一樣賣 T 恤、帽子可以用信用卡、WebATM、超商代碼付款。如果是要賣商品，物流要選哪一種？如果目標客戶是家庭主婦，可以宅配；超商取貨付款，適合用現金的學生族群。總之，選一個好的第三方支付來幫你，金流、物流、網站資安一次到位，幫助新手贏在起跑點上。

電商超快速開店　以個人申請綠界科技為例

費　　　　　　　　用	註冊不收費 入帳抽手續費
申　請　文　件　需　求	自己的網站、網址 不需要營業登記資料（個人） 需要身分證驗證
可　申　請　金　流	ATM、超商付款、信用卡
個人可申請信用卡收款	可
申　請　核　可	當天
開啟線上付款連結	2 至 3 天可開通 ATM、超商付款 （信用卡需一天審核）

申請時「不用懂網路程式」，但須要有自己的網站，所謂自己的網站，是指賣家可以在其中張貼、自訂內容。對第三方支付業者來說，登錄網址的目的主要是用來判斷賣家會賣什麼；網站內容不限定是社群媒體，臉書、blog、網站都可以。接下來把申請的收款連結貼在網站上就完成囉，至於要賣什麼、還是要贊助，第三方支付業者原則上不會管太多，正常做生意就好。請注意線上交易有法律規定不能賣的商品，如活體、器官、菸酒、贗品、藥物以及第二、三類醫療器材等等數十項。

如果大家想要找臉書直播銷售的範例來參考，看看成功的人怎麼做，可以上臉書搜尋「邵庭」、「野蠻王妃」，貼文大致上可分為 4 種內容：

1. 預告直播時間、銷售商品
2. 商品簡單介紹，含優惠說明文字約 1、2 行就好，並附上商品網頁連接
3. 這次銷售的方式（預購、現貨、數量？）
4. 最後附上付款連結

因為綠界科技設定相對其他第三方支付簡單的多，加上綠界與物流結合功能相當強，適合搶時間、搶購物節的賣家。

綠界科技特殊收款設定　更貼心

目前多數第三方支付申請收款相當簡便，不過綠界科技限制較

少，有 2 個特殊設定更是貼心。之一是可以開多個收款連結，表示能銷售數種不同商品。之二是自定店鋪名稱，其他業者需要用個人真實姓名當店鋪名稱。有許多網紅、youtuber 都是用網路藝名（如野蠻王妃），藝名對買家來說較為熟悉，可減少購物時的猶豫，也含有網路藝名等於個人品牌的意義。

可申請金流有 ATM、超商付款、信用卡，ATM、超商付款都是當天就能使用，而申請信用卡收款，必須通過身分認證。如果賣家想要開通信用卡收款，要準備身分證，綠界科技須上傳身分證影本，並等待審核 1 天。其他第三方支付要開通信用卡收款，需輸入身分證相關資料，但要等 3 天才會審核通過。

對於單純只是想在臉書或 blog 賣東西、收贊助的朋友，就是到第三方支付網站註冊申請個人金流，然後跟著步驟走，自己掛連結。但是怎麼經營引流量或是找人來贊助？就是「八仙過海，各憑本事」了，第三方支付不負責這一方面的事。

收銀台　不上電商平台也能立刻開店

第三方支付的龍頭綠界科技近期推出的超強的「收銀台」功能，結合多元的金流、物流及購物車，提供了新手賣家另一種開店新選擇：也是目前電商中最快速的開店方式，重點是目前不收費。

賣家只要有基本的電腦操作能力，並註冊並通過審核為成綠界會員；記得將商品拍的美美的，就可「免費」建立個人商店、快速販售商品。「收銀台」可視作破壞市場的魔王，不僅服務

創新、價格有破壞力，功能也十分齊全。

要如何開始使用「收銀台」？註冊後登入點選「我要收款」，會出現「快速收款」、「收銀台（新一址付）」、「一址付」、「實況主收款」、4個選項；本篇所指的收銀台功能，就在「收銀台（新一址付）」的功能表中。如果賣家曾經在大型電商平台上開立過個人商店，會對「收銀台」的功能感到相當熟悉，因為介面類似。

收銀台較適合沒有程式能力的電商，簡單來說，賣家可以把收銀台想像是一個網上個人商店。賣家在頁面中輸入商品並設定好商店名稱，把產生出來的連結丟到自己的網站、臉書上面，就完成了開店的動作。買家點進連結中，看到的是一個美觀且功能完整的購物商店，賣家可在裡面可以選擇商品，並在結帳時可選擇物流與付款方式。

對新手賣家最重要的，可以減少在大型電商平台開店所受到的強大競爭，確保受到促銷活動吸引來的顧客，只在自己的商店內消費。綠界科技提供的收銀台服務，最大的特色在賣家的購物商店中，不會出現任何廣告，綠界科技也不會放任何廣告欄位。

以往賣家在大型電商平台上刊登商品，如蝦皮、網家、雅虎、momo等，都會在頁面上看見其他商店的商品。假如買家想購買藍牙耳機，除了商品頁面本身，邊欄還會秀出其他賣家同款或類似的藍芽耳機，直接就在頁面上進行價格、品質的比較，而且買家還會一直收到付費廣告的推播。這些都是大型電商平台掌控的廣告欄位，並經過數據演算後依照買家喜好推薦的商品

所以賣家會在電商平台上不僅在價格上受到其他電商的競爭，

在自己的商品頁面上也可能因其他因素而損失客戶。使用收銀台後,買家進入購物商店後不再受到其他影響;賣家就可以脫離電商平台的掌控,真正將行銷所創造的流量完全變成收入,而且不用被電商平台抽%。

　　如果是營業額8萬元以下的小額賣家,不用開立電子發票,這些功能已經相當齊全。如果是領有營利事業登記證必須繳稅的賣家,還可以另外申請電子發票,不過這部分需另外收費。另外第三方支付也提供清算、結帳等會計相關功能,讓新手賣家用最低成本就擁有自己的品牌網站。

綠界科技收銀台功能特點

特點 1. 買方不受平台廣告干擾	第三方支付獨立於買賣雙方之外,不會把其他店家的廣告投送在會員的購物商店上
特點 2. 一個帳戶能有多個賣場	若有電商代理多個品牌,可用賣場區分;或是把預購商品與非預購商品分開
特點 3. 物流已整合線上知名的物流商	買家下單時有多個物流配送方式可選擇,例如超商取貨、宅配、面交等

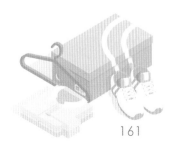

特點 4. 頁面美觀如大型電商平台	以往第三方支付推出的商品支付功能，只能一個網址購買一項商品，結帳頁面陽春，收銀台的頁面近似於各大電商販售平台，操作功能也類似，讓買家輕鬆購物
特點 5. 新增團媽最愛 LINE 功能	賣家可以把連結丟進 LINE 群組，讓團購買家直接在 LINE 上結帳
特點 6. 享有最高等級的資訊安全	網站空間由使用綠界科技的伺服器，提供給會員當作商店後台，確保全年 365 天完全沒有不休息，而且使用最高等級的資訊安全標準，賣家可省去資訊安全的相關費用，不怕個資外洩對商譽、流量造成傷害

使用 WooCommerce 購物車快速開店

當賣家有基礎的網路程式能力，想要自行架站、自行介接金流，最快最方便的方法之一，就是介接第三方支付的購物車模組。目前架站最受歡迎的網站內容管理系統便是 WordPress。WooCommerce 是一個基於 WordPress 平台的購物車模組，目前全世界約有 30% 的電商網站是使用 WooCommerce 購物車模組來搭建，而台灣則有將

近 80%，可以説是全世界最流行的電商開店系統。因此網路上掀起了一股教學熱潮，相對的使用人數漸多，願意投入開發的工程師日增，資源豐富也讓使用更便利。

使用 WooCommerce 需要有一點 CSS 概念及 PHP 程式語言基礎能力，這麼説的原因是 opensource 的套裝軟體在安裝各式各樣的插件時容易產生相互衝突，需要有一點除錯能力，而 CSS 是在網站美工設計時需要的。

WooCommerce 為什麼會成為時下最流行的且受大家所喜愛的插件，原因是商品上架不需上架費，賣家完全可以自主管理，如銷售地區管理、庫存庫存管理、付款方式選擇等等，不需要被大型電商平台的合約綁架。

許多電商選擇架設自有品牌網站時，都會使用 WordPress 平台 +WooCommerce 購物車，綠界科技也「免費」提供了 WooCommerce 購物車完整的金流、物流、電子發票套件。

綠界科技提供 WooCommerce 購物車的串接模組

金流模組	收款方式清單： 信用卡（一次付清、分期付款、定期定額） 網路 ATM ATM 櫃員機 超商代碼 Apple Pay Google Pay

電子發票模組	提供合作特店以及個人會員使用開放原始碼商店系統時，無須自行處理複雜的檢核，直接透過安裝設定外掛套件，便可快速介接綠界科技系統，進行電子發票一般開立
物流模組	提供合作特店以及個人會員使用開放原始碼商店系統時，無須自行處理複雜的檢核，直接透過安裝設定外掛套件，便可快速介接綠界科技物流整合系統，使用方便快速的商品運送機制。

　　想嘗試架站的賣家，可使用 Google Cloud Platform 空間來架站，目前 Google 提供 12 個月免費使用，等值 300 美金。Google Cloud Platform 只需要擁有一個 google 帳戶，WordPress 可以免費架網站，進階和商業版則須付費。如果不使用綠界科技的 WooCommerce，還須付網站的加密費用，以及耗費大量測試、除錯的時間。雖然網路上有人說 WooCommerce 對初學者較為困難，但是綠界科技已經提供完整套件與手冊，反而相對簡單。

超快速賺錢夥伴　申請綠界科技「收銀台」

A. 申請收銀台（新一址付）

▲ 進入收銀台，首先設定物流與收款選項

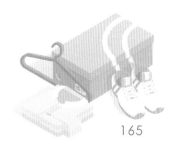

▲ 請注意，物流選項預設是未開通的，先開通物流服務後，以
上的各個功能的設定會自動帶入

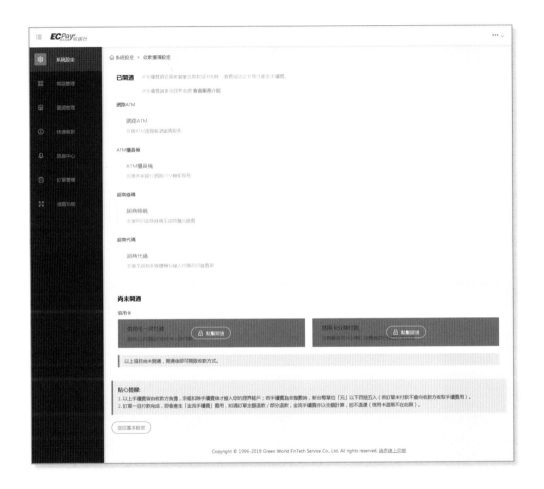

▲ 收銀台的收款功能十分多元，所有綠界科技的金流都能使用

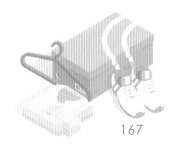

▲ 商品可逐一上傳，也可以批次上傳，但欄位相同，可用影片
介紹商品，營造出商品特色，行銷活動比許多大型電商平台
有彈性

欄位	商品名稱	影片來源	影片連結	商品描述	圖片1-20	規格	售價	原價	庫存數量
名稱	上限60個字								
非必填	非非必填	上限250個字	請填寫圖片檔名並包含	上限1000個字		上限60個字	上限4位數	上限7位數	上限4位數
範例	拍拍賣	1	https://www.youtube.com /watch?v=123456	產品介紹	cashier.png	無	1234	1234	1234
說明	建議不超過7個中文字,App才能完整呈現,各手機螢幕寬度不一,過多的文字在小尺寸手機會無法完整顯示。	鍵型編號表 1 YouTube 2 Vimeo 3 Facebook	請輸入完整的影片網址	須為純文字且不超過500字,可支援換行。提醒:手機和PC的瀏覽器都不同,請精簡用字,還免過多符號。		無	-	-	-

▲ 批次上傳時,可參考範例檔,下載並加以編輯就可使用,但須遵守注意事項

批次上傳說明

1. 下載範例檔
2. 解壓縮範例檔
3. 打開 cashier.xls 並編輯商品資訊
4. 將商品名稱對應的商品圖放於資料夾 ' images ' 底下
5. 編輯完成後請確認以下事項是否符合
   ※ xls 檔案名稱需為 ' cashier.xls '
   ※ 圖片資料夾名稱需為 ' images '
6. 將符合規則的 xls 檔和圖片資料夾存放在命名為 cashier 的資料夾中
7. 將 cashier 資料夾壓縮後上傳即可
   ※ 請確認壓縮格式為 Zip 檔
8. 每次上傳的檔案大小上限為 50MB
9. 商品單張圖片檔案大小上限為 2MB

全部商品

USB轉接頭

NT$ 39   ~~NT$ 80~~

全新造型USB TypeC 轉接頭
顏色

| 紅 | 藍 | 灰 | 白 | 黑 | 綠 |

配送方式

| 黑貓宅配 | 全家超商取貨 | 賣家自行寄送 | 面交 |

付款方式

| 信用卡一次付清 | 網路ATM | ATM櫃員機 | 超商條碼 | 超商代碼 |

分享商品:

關於我們

🏠 首頁　　🛒 加入購物車　　直接購買

▲ 收銀台的商品頁乾淨俐落，沒有廣告干擾，也不會出現類似商品影響買
家購物；另外收銀台可新增 5 個賣場，可自行上傳圖片做出自己的特色

≡ **ECPay** 收銀台   ··· ∨

系統設定	⌂ 快速收款 > 建立收款連結
商品管理	
資訊管理	**商品資訊**
快速收款	產品名稱 ⊙ 由消費者填寫 自定商品名稱
訊息中心	商品金額 ⊙ 由消費者填寫 固定金額
訂單管理	商品庫存 ⊙ 無限制 固定數量
進階功能	

收款資訊

收款連結名稱   於此於「收款連結管理」列表中，不會顯示於列表名稱   0/60

收款方式   綠界金流 不連看多見 綠界商網

全選   網路ATM

ATM櫃員機   超商條碼

超商代碼

收款連結有效時間   ⊙ 永久   有效時間

發票設定   ⚪開啟

寄送資訊

寄送資訊 ⓘ   消費者需填寫收件資訊   ⊙ 不需填寫收件資訊

Email ⓘ

其他設定

備註預填文字[非必填] ⓘ   0/60

返回商店按鈕[非必填] ⓘ

(✕ 取消)   (🖫 儲存)

▲ 收銀台中的快速收款，功能適合團爸團媽使用，可快速發起採購

▲ 可利用訂單管理功能，查看自己的行銷活動成果，作為改進
的依據

B. 一址付系統

▲ 除了收銀台（新一址付），原有的「一址付」功能已經相當
齊全，但是少了自己的商店首頁，也不能上傳照片、影片，
也沒有物流選項，需要自己串接

▲ 原本的一址付，其中「名稱」並非商品名稱，可視為是活動
名稱或是商品系列名稱

▲ 實況主的收款方式也是一條網址,但是表現豐富許多,可用
QR code 呈現,還可以自製收款形象圖片,也可設定最低贊
助金額

▲ 實況主的功能還能設定收款後播放動畫、特效文字，表示實況主對打賞的感謝，甚至還能說出贊助者的留言

D. 快速收款

▲ 快速收款可產生付款連結，商品名稱與金額可固定、可不固定，須注意可另外設定收款有效時間，與商品頁放在一起，可做多種運用

▲ 若是建立了許多快速收款連結,可在「收款連結管理」查看
所有連結情況

▲ 如果收款方式包含超商代碼，記得要設定，請注意消費金額
是固定的

▲ 如果收款方式包含 ATM，一樣記得要先設定，消費金額也是
固定的

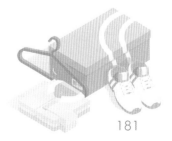

CHAPTER 7
踏出百萬電商
的第一步

20

申請帳號
最短時間成為電商

　　已在線下稍具規模的賣家想要拓展線上業務，這樣的新手電商可能早已跟銀行有各種業務往來，我們要注意，線上業務的經驗與線下有相當大的差異。各銀行分行有他著重的業務，但不一定有電商專案服務，如果要申請銀行的線上支付工具，可能需要花很多時間人力成本，來回奔波相當麻煩。

　　第三方支付中的龍頭——綠界科技，系統採用與銀行系統幾乎一樣的高規格，並按照銀行架構的系統延伸。來申請的新手賣家，都可能在業界最短的時間內申請到最好的金流服務。

申請會員帳號注意事項

　　綠界科技的審核時間，為何能比業界其他競爭者更短？原因是因為綠界科技是一間金融科技公司，透過線上即時與內政部警政署連線，查詢資料；讓賣家可以在短短不到 10 分鐘的時間內，就可以申請好一套多元又好用金流。而到銀行辦金融業務，要在各單位間來回的送審資料，造成賣家的困擾。

　　這是第三方支付與銀行不同的地方，如果跟銀行申請金流，可能要好幾周，甚至好幾個月，都還不一定有辦法開始做生意。如果跟綠界科技合作，只要備妥資料、花 30 分鐘填寫，就能取得電商最強的武器——縮短買家猶豫的多元金流。

申請審核必要的事項

營業登記相關	具體讓審核者知道申請者是真實存在的公司，準備營業登記證及相關 401 報表；另外，商品、倉庫、辦公室、賣家個人照片，表明營業項目與方向，非假交易、洗錢
身分相關的個人資料	台灣是防制洗錢名單的重點看管國之一，第三章支付業者會要求身分資料審核，申請需要與國際要求接軌，但仍可再最短時間內審核完畢；另外，類似的審核在銀行中，通過時間需要 1 至 2 周以上，關卡較多

註冊會員

👤 會員帳號：	請輸入6-20位英/數字混合帳號
📱 聯絡手機：	請輸入09開頭之手機號碼
🔒 設定登入密碼：	請輸入6-20位英/數符號混合密碼
🔒 確認登入密碼：	請輸入6-20位英/數符號混合密碼
🛡 驗證碼：	

7375　刷新驗證碼

☐ 我已同意 特約商店服務規範、隱私權政策、綠界平台會員服務條款

免費註冊

▲ 會員帳號與密碼都由賣家自行填寫，手機號碼若曾經用來申
請綠界帳號，將無法直接註冊，須聯絡客服

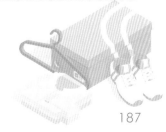

▲ 申請綠界科技帳號將驗證手機號碼及身分證件,第一步驟就
是驗證手機號碼

▲ 填寫基本資料須先選擇申請個人會員(無須附
營業登記)、商務會員(須付營業登記)

ECPay 綠界科技

① 手機驗證 　②填寫基本資料 　③ 收款設定 　④ 信箱驗證 　⑤ 完成註冊

會員基本資料表

請依序填寫下方內容補齊您的會員資料

*會員類別：　[商務會員 　▼]　會員服務介紹

注意！請確實填寫資料，若身分驗證未通過將無法提領收取的款項。

* 公司/機構名稱：　[請輸入公司/機構名稱]

　　　　　　　　請輸入與銀行戶名相同之名稱，以免日後無法提領款項(請注意綠界僅接受
　　　　　　　　經核准在台灣設立之銀行)。

* 公司/機構註冊國籍：　TAIWAN 臺灣

* 登記證照種類：　[變更事項登記表 　▼]

* 統一編號：　[請填寫您的統一編號]

* 公司資本額：　[請填寫公司資本額]

* 公司設立日期：　[請選擇 ▼] 年 [請選擇 ▼] 月 [請選擇 ▼] 日

* 負責人國籍：　[請選擇 　▼]

* 負責人姓名：　[請填寫負責人姓名]

* 負責人身分證字號 : 請填寫負責人身分證字號

為防範洗錢以及日後帳款處理，請務必填寫正確的身分證字號！

* 負責人生日 : 請選擇 ▼ 年　請選擇 ▼ 月　請選擇 ▼ 日

* 公司聯絡人姓名 : 請填寫公司聯絡人姓名

* 公司電話 : 請填寫公司電話

* 通訊地址 : 請選擇縣市 ▼　請選擇鄉鎮市區 ▼

請填寫公司地址

範例：115臺北市南港區三重路19之2號6樓之2

* 電子信箱 : 請填寫電子郵件信箱

* 登記證照 :
（或公司變更事項登記表或
其他營業證明文件）
範例圖

＋　＋　＋　＋　＋

* 負責人證件正/反面 :

＋　＋

送出資料

▲ 申請商務會員應詳細填寫公司資料，並上傳營業登記證、負
責人身分證件照片，注意申請的公司、機構名稱必須與銀行
帳戶相同

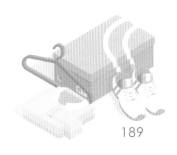

EC Pay
綠界科技

① 手機驗證 ⟩⟩ ② 填寫基本資料 ⟩⟩ ③ 收款設定 ⟩⟩ ④ 信箱驗證 ⟩⟩ ⑤ 完成註冊

會員基本資料表

請依序填寫下方內容補齊您的會員資料

*會員類別： 個人會員 ▼ 會員服務介紹

注意！請確實填寫資料，若身分驗證未通過將無法提領收取的款項。

*會員國籍： TAIWAN 臺灣 ▼

*真實姓名： 請輸入您的姓名

請輸入與銀行戶名相同之姓名，以免日後無法提領款項
(請注意綠界僅接受經核准在台灣設立之銀行)。

*身分證字號： 請輸入您的身分證字號

為防範洗錢以及日後帳款處理，請務必填寫正確的身分證字號！

*出生日期： 請選擇 ▼ 年 請選擇 ▼ 月 請選擇 ▼ 日

*通訊地址： 請選擇縣市 ▼ 請選擇鄉鎮市區 ▼

請填寫通訊地址

範例：115臺北市南港區三重路19之2號6樓之2

*電子郵件信箱： 請輸入您的電子郵件信箱

送出資料

▲ 申請個人會員應填寫個人資料，注意申請人姓名必須與銀行
帳戶相同，否則以後無法提領款項

① 手機驗證　　② 填寫基本資料　　③ 收款設定　　④ 信確驗證　　⑤ 完成註冊

收款服務相關設定

＊ 商店名稱：

> 請輸入您的商店名稱

1. 名稱會顯示於：(1)付款頁面。(2)買家信用卡帳單。(範例：綠界有限公司，請注意，各家銀行帳單可顯示之名稱長度不同，故字數過長有可能名稱顯示不完全。)

2. 變更商店名稱可享兩次免手續費(新台幣100元)優專，銀行端變更商店名稱需5-7個工作日。

3. 商店名稱請勿設定網路禁止販售之商品文字，如：瞳、放大片、EYES等相關文字。

＊ 商品 / 服務種類：

請選擇您欲販售的商品種類，最少需選擇一項，最多五項。

第一項請填主要營業項目。

1. 請選擇主分類　▼　　請選擇次分類　▼
2. 請選擇主分類　▼　　請選擇次分類　▼
3. 請選擇主分類　▼　　請選擇次分類　▼
4. 請選擇主分類　▼　　請選擇次分類　▼
5. 請選擇主分類　▼　　請選擇次分類　▼

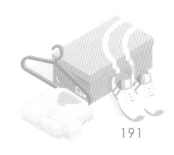

販售網址：

請輸入您販售商品/服務的網址

若您有申請開通信用卡的需求，請務必提供網址，以免無法通過申請。

提供可辨識您所販售的官網網址、賣場網址、商品/服務曝光的網址或個人社群網址
(Facebook、Instagram...)，相關網頁聯絡資訊需與會員申請的電話或EMAIL相同。

圖片：

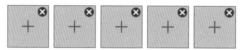

可提供門牌照片、倉庫或辦公區照片、庫存商品照片(申請信用卡必填)。
個人會員若申請開通信用卡收款服務，請提供身分證件正反面圖檔。

功能服務：

若申請開通信用卡收款服務需審核2~3個工作日，期間您仍可使用非信用卡收款，
註:申請開通國外信用卡交易須審核14個工作日

信用卡收款服務： ○ 開通申請　● 暫不申請

國外信用卡交易開通： ○ 開通申請　● 暫不申請

送出申請

▲ 個人會員設定收款服務，可選擇 5 項商品或服務，販售網址
可為一般網站、部落格、臉書、IG 等，欲開通信用卡收款需
要上傳身分證，最好能上傳工作室、商品照片，加速審核；
另外，開啟國外信用卡交易也可在此頁設定

申請物流開通

物流的帳號必須要先申請金流帳號,再加開物流功能。電子發票也是獨立的功能,可單獨申請,不過需要先取得金流帳號,方式為線下紙本申請審核。

▲ 點選服務介紹→物流服務,可進入申請物流頁面

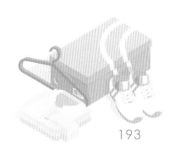

EC Pay
綠界科技

會員專區 | 帳務管理 | 我要收款 | 服務介紹 | 文件下載   Google 自訂搜尋 🔍

首頁 > 商務專區 > 物流寄送 > 申請物流寄送

申請物流寄送

設定寄件資訊

* 寄件人姓名	請輸入寄件人姓名
	店到店寄件未取退回原寄件門市，須出示身分證件領取，請勿填寫公司名稱，避免無法取退件。
* 寄件人手機號碼	請輸入寄件人手機號碼
寄件人市內電話號碼	區號 - 電話號碼 - 分機號碼
* 寄件地址	請選擇縣市 ▼ 請選擇鄉鎮 ▼ 郵遞區號
	請輸入地址

設定消費者未取件 - 退貨聯絡資訊(僅供大宗寄倉使用)

☐ 同寄件資訊

* 退貨聯絡人姓名	請輸退貨聯絡人姓名
* 退貨聯絡人電話號碼	◉ 市內電話號碼 ◯ 手機號碼
	區號 - 電話號碼 - 分機號碼
* 退貨週期	◯ 週退 ◯ 日退（隔日收退貨） 1. 週退 您一週需指定一天（週一～週五）前往物流中心收取退貨。 2. 日退（隔日收退貨） 您收到綠界科技通知有退貨時，需於隔日前往收取退貨。
* 退貨方式	請選擇 ▼
* 退貨地址	請選擇縣市 ▼ 請選擇鄉鎮 ▼ 郵遞區號
	請輸入地址

[下一步]

▲ 申請大宗寄倉是較為複雜的，寄件人姓名須為可取件的個
人，個人會員應該就是填自己，注意不可為公司名稱，否則
可能無法領取退貨

▲ 退件資訊中，須點選退貨周期、下拉選單選擇退貨物流

Q & A
免費的商務會員、個人會員，與付費的特約
商店有何不同？

　　綠界科技的免費會員制度，自行申請簡單快速，最短時間內就可開店經營；幫助了許多人加入電商聚落，並且順利擴增了營業規模。也讓許多電商疑問，免費的商務會員、個人會員，與付費的特約商店會員有什麼差異？付費特約商店會員，可取得第三方支付提供較多的服務，例如提高收款額度、信用卡分期，或是銀聯卡收款等。

簡單來說，當電商使用了第三方支付的各項功能，讓營業情況愈來愈好、百尺竿頭，就可以考慮成為付費會員。因為在市場上，各個金流閘道提供的服務雖然有差異；但更重要的，是各個電商來到第三方支付的目的、目標卻有很大不同。所以選擇功能最全面的金流閘道業者，並適時轉為付費會員，取得差異化的服務，就像是公司規模愈大，愈需要專業顧問協助，讓第三方支付成為我們生意上的重大夥伴。

21

成為百萬電商
先練報表基本功

新手賣家在申請第三方支付金流、物流、電子發票之後，可以開始了解各項交易資料如何在後台整合成淺顯易懂的報表。報表功能主要分為3項：金流、物流、電子發票，但是整合在一份報表之中；也就是說，賣家可以自由選擇申請任何一項，可以單項簡單呈現，也能3項並呈交互參考。

從買家訂貨、賣家出貨、發票的開立，所有的過程都由第三方支付的後台整合，賣家可在報表上找到所有整合好的資料，所有的交易資訊都在其中、一覽無遺。如果賣家有需求，也可以將整份報表轉出成為 Excel 檔，在 Excel 檔裡可以進行簡單的篩選與排列，進行賣家所需要的操作。

A. 帳務整合

當買家消費完畢之後，第一份報表為金流對帳報表，賣家可從其中確定收到款項了沒有，得知買家以何種方式付款，如信用卡、ATM 匯款、便利商店條碼代收。在後台報表上會清楚的呈現時間、訂單號碼、付款方式、付款是否完成等等。

金流對帳報表最大的優點，可於 24 小時即時更新所有訊息，賣家立刻知道買家刷卡付款了沒有，其中使用 ATM 及便利商店條碼，會有幾個小時的時間落差，因為買家在下訂單之後，不一定會馬上付錢，需等待買家前往 ATM 或使用虛擬 ATM，或前往便利商店付款。第三方支付的後台會不斷的更新報表，讓確認訂單的程序一目瞭然，立刻篩選出已付款的買家，準備後續出貨的排程。

B. 物流訂單

後續出貨的排程也就是第二份報表 —— 物流報表，例如買家選擇了便利商店取貨的門市後，賣家利用後台將資料轉換成出貨託運單。賣家不用自己輸入任何資料，只要確認的付款的賣家，就可以看到物流訂單，當賣家按下託運單的列印鍵，把託運單印出來貼在包裹上即可前往寄貨。

對於只申請物流的會員，在串接完物流之後，託運單的列印與上述相同，也可手動製作託運名單。

C. 發票開立

　　賣家會有自己一份電子發票的報表，買家付款完成，發票狀況也隨立刻呈現成為第三份報表。賣家確認買家付款後，系統將自動開立發票，但是遇到買家在猶豫期內退貨，賣家就需要回到發票報表來，把發票找出來做後續的折讓、作廢等動作。辦理退貨可分為 2 種，一種是部分退貨，例如買 10 件衣服退了其中 2 件，賣家需進行部分折讓；整筆交易都取消或退回，則進行作廢。

　　當買家發票中獎的時候，第三方支付會自動通知賣家與買家，聯絡買家向賣家索取中獎發票；賣家也同步收到訊息。賣家前往發票報表中尋找中獎的發票，然後將發票印出來寄給消費者；賣家可以加開申請便利商店 ibon 列印中獎發票。

廠商管理後台 —— 信用卡帳戶設定

▲ 信用卡授權完成，可 E-mail 通知；每日自動關帳，綠界科技系統設定每天自動 23:59 關帳，關帳後才進行信用卡請款，若設為為關閉，則需自行關帳請款

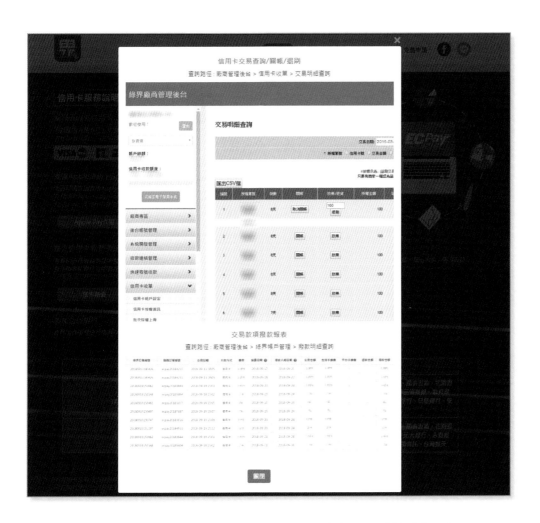

▲ 交易明細查詢,可進行查詢、關帳、放棄、退刷等動作,選擇查詢日期範圍不可超過三個月;對於單筆取消關帳的交易,此筆交易將不會再由綠界系統自動關帳,要向銀行請款需手動點選關帳;關帳前的交易可點擊「放棄」取消整筆交易;關帳後的交易可點擊「退刷」取消,注意交易放棄後將無法還原;若是分期交易僅可整筆退刷,無法部分退刷;若有銀聯卡交易,賣家會發現系統交易中會即時關帳,僅可操作退刷與取消退刷關帳

▲ 可主動針對可疑 IP 做拒絕交易動作，增加網路接單的安全性；也可自行加入 IP

▲ 此功能可讓電商家不用再承擔盜刷、偽卡風險，可主動對可疑偽卡拒絕交易，為了增加使用本系統各電商接單的安全性，會員可自行加入卡號

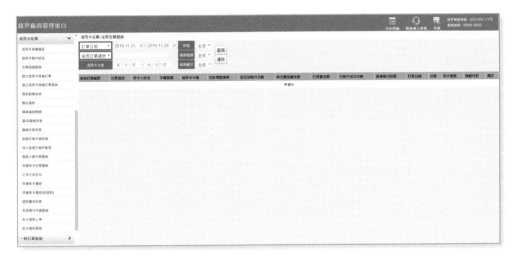

▲ 定期定額查詢可選擇日期區間，並以廠商訂單編號、明細編號、
授權單號查詢訂單，逐行查詢、啟用、停用定期定額交易扣款

訂單

▲ 全方位金流訂單，可查詢所有類型金流所產生的訂單，也能針對特定的項目及狀態查詢訂單資訊；注意，信用卡延遲撥款無法在此查詢；查詢結果可下載為 CSV 檔、Excel 檔

▲ 綠界科技針對各種金流有各自的表格，使用 ATM 金流的族群，可使用 ATM 訂單查詢，查詢時間區間不可超過 3 個月，查詢結果可下載為 CSV 檔、Excel 檔、TXT 檔

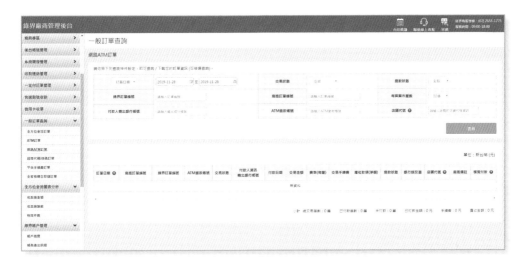

▲ 虛擬商品賣家喜好使用網路 ATM，在此可單獨查詢網路 ATM 訂單，查詢時間區間不可超過 3 個月，並可將查詢結果下載為 CSV 檔、Excel 檔、TXT 檔

▲ 超商代碼／條碼收款的訂單，可在此頁面查詢，同樣可將查詢結果下載為 CSV 檔、Excel 檔、TxT 檔；但「全家條碼立即儲」部分另有訂單可供查詢

廠商管理後台 —— 圖表

▲ 全方位金流圖表分析,可以按月或年進行報表或圖表選擇、
查詢,也可進階設定限制付款方式;將出現報表、圖表,並
提供統計資訊

▲ 收款總筆數，可以按月或年進行報表或圖表選擇、查詢，也可進階設定限制付款方式；將出現報表、圖表，並提供統計資訊；注意「全方位金流圖表」、「收款總筆數」，二者統計資訊「未扣除退款／刷金額」，「未加入信用卡分期金額」之統計分析

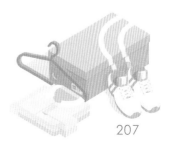

【渠成文化】FSB 001

百萬電商　一指搞定

作　　者	一指創業編輯部
圖書策劃	匠心文創
發 行 人	陳錦德
出版總監	柯延婷
執行主編	葛惟庸
校對協力	陳美樺、蔡青容、鍾婷
封面協力	L.MIU Design
內頁編排	邱惠儀
E-mail	cxwc0801@gmail.com
網　　址	https://www.facebook.com/CXWC0801
總 代 理	旭昇圖書有限公司
地　　址	新北市中和區中山路二段 352 號 2 樓
電　　話	02-2245-1480（代表號）
印　　製	鴻霖印刷傳媒股份有限公司
定　　價	新台幣 350 元
販售特價	新台幣 199 元
初版一刷	2019 年 12 月

ISBN 978-986-98565-0-8

國家圖書館出版品預行編目（CIP）資料

百萬電商 一指搞定 / 一指創業編輯部著. -- 初版.
-- 臺北市 : 匠心文化創意行銷, 2019.12
　面；　公分
ISBN 978-986-98565-0-8（平裝）

1. 電子商務 2. 創業

490.29　　　　　　　　　　　108020868